XIAOFANG JIUYUAN RENYUAN

JIJIU CHANGSHI

消防救援人员急救常识

中国消防救援学院 / 编著

中国环境出版集团 · 北京

图书在版编目（CIP）数据

消防救援人员急救常识/中国消防救援学院编著.
— 北京 ： 中国环境出版集团， 2022.9
ISBN 978-7-5111-5272-5

Ⅰ. ①消… Ⅱ. ①中… Ⅲ. ①火灾－急救－技术培训
－教材 Ⅳ. ①R459.7

中国版本图书馆CIP数据核字（2022）第155575号

出 版 人 武德凯
责任编辑 曲 婷
责任校对 薄军霞
装帧设计 金 山

出版发行 中国环境出版集团
（100062 北京市东城区广渠门内大街 16 号）
网 址：http：//www.cesp.com.cn
电子邮箱：bjgl@cesp.com.cn
联系电话：010-67112765（编辑管理部）
发行热线：010-67125803，010-67113405（传真）
印 刷 北京中科印刷有限公司
经 销 各地新华书店
版 次 2022 年 9 月第 1 版
印 次 2022 年 9 月第 1 次印刷
开 本 787×1092 1/16
印 张 7.5
字 数 75千字
定 价 60.00元

编 委 会

CONTENTS

目录

第三章　内科急症

第四章　外科急症

XIAOFANG JIUYUAN RENYUAN
JIJIU CHANGSHI

第一章

基本技能

一、急救电话——120

消防救援人员在训练和生活中突发各种急性伤病时，应在进行自救互救的同时拨打“120”急救电话，拨打急救电话时要冷静，拨通后说话要口齿清晰，不要因为情况紧急而语无伦次，在拨打“120”急救电话时应注意以下几点：

（1）说清伤病员当前所处的地理位置

要准确、清楚、详细地说明地理位置，最好能提供一些明显的标志物，方便救护人员更精准定位、及时赶到。

（2）简洁清楚地说明伤病员情况

讲清伤病员人数、伤病原因、伤病经过和目前身体状况，以便救护人员提前做好救治准备，保证到场后第一时间进行救治。

（3）提供自己的联系方式

向急救中心告知自己的姓名和联系电话，方便救护人员能随时与自己取得联系，尤其是伤病员所处位置较为偏僻难找时。

（4）等待救护车辆到来

为了让救护人员能尽快到达伤病员所在位置，争取更多的救助时间，拨打电话后可派人到救护车必经路口等待救护车辆。

另外，如果伤病员病情允许且与救护人员沟通后可以主动安排车辆护送，在路上相遇时再将伤病员转交给救护人员，要注意不要与救护车辆错过。

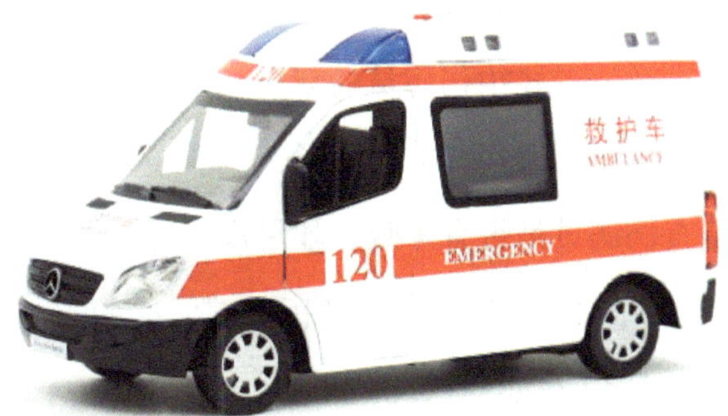

二、心肺复苏术

心肺复苏术（CPR）是针对呼吸心跳骤停的伤病员所采取的抢救措施。在一般情况下，脑组织缺氧4分钟之内，可恢复其原有功能；超出4分钟，有可能造成脑组织永久性损害，甚至导致死亡。所以抢救呼吸心跳骤停的伤病员要及时、迅速。

心肺复苏的步骤：

（1）观察现场环境

发现伤病员后首先观察环境中有无危害救护者和伤病员的危险因素，不可贸然急救。有危险因素时应设法排除，无法排除时应呼叫救援，确认现场无危险因素后尽快施救。

（2）评估伤病员情况

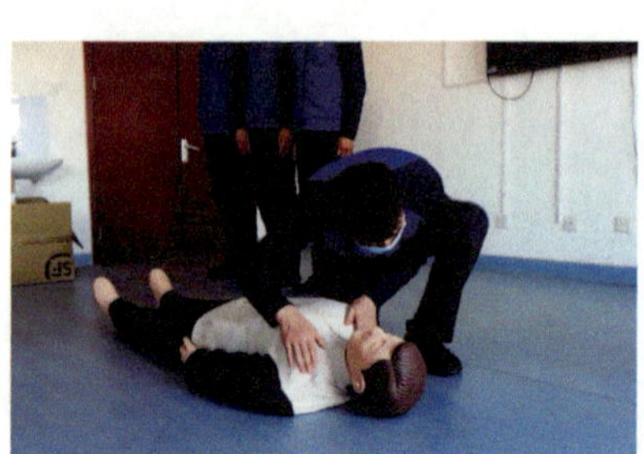

救护者轻拍伤病员的双肩，并大声呼喊（例如，“你怎么了？”）；检查伤病员是否有呼吸，如果没有呼吸或者只有喘息，应立即启动急救。

（3）启动紧急医疗服务

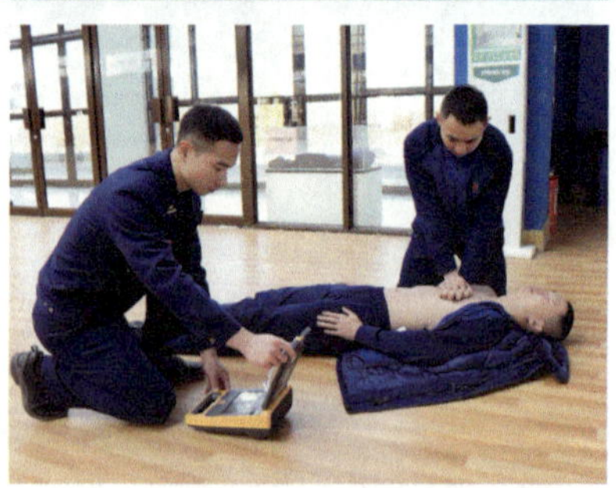

高声呼救，并请其他人拨打急救电话，有条件的可准备自动体外除颤器（AED）。

（4）检查脉搏

对于非专业救护者，不强调检查脉搏，只要发现伤病员无反应、

成人颈动脉搏动检查

中指、食指横放颈部中央，向气管一侧轻按滑动 2～3 厘米

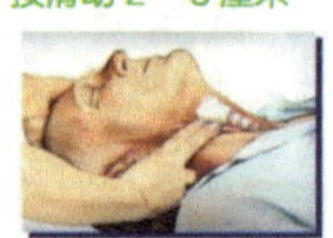

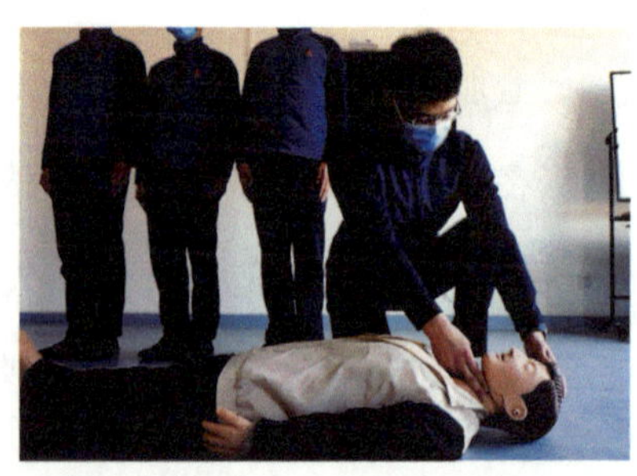

无自主呼吸就直接进行心肺复苏。对于专业救护者，一般以一手食指和中指指腹触摸伤病员颈动脉以感觉有无搏动，检查脉搏的时间不超过10秒，如10秒内仍不能确定有无脉搏，应立即进行心肺复苏。

（5）胸外按压

确保伤病员仰卧于平地上，救护者跪于伤病员一侧，将一只手的掌根放在伤病员胸骨中下1/3交界处，将另一只手的掌根置于第一只手背上，十指相扣，手指不接触胸壁。按压时双肘伸直，垂直向下用力按压，按压频率为100～120次/分钟，下压深度5～6厘米，每次按压之后让胸廓充分回弹，放松时掌根部不离开胸壁。

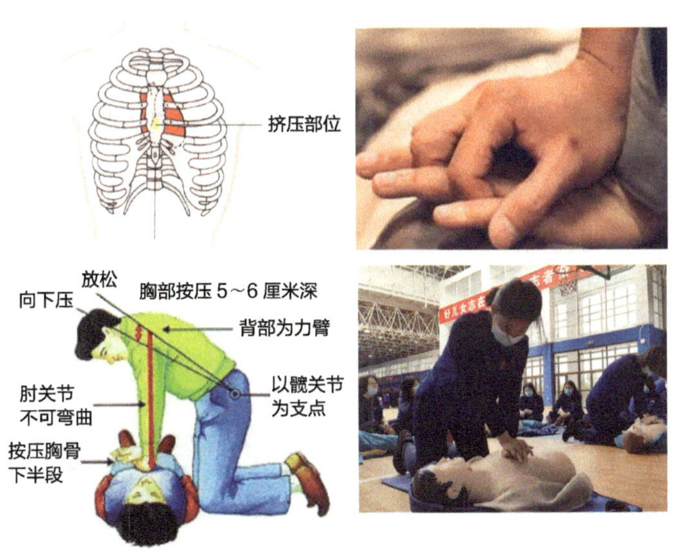

（6）开放气道

通常使用仰头提颏法打开气道，将一只手置于伤病员的前额，然

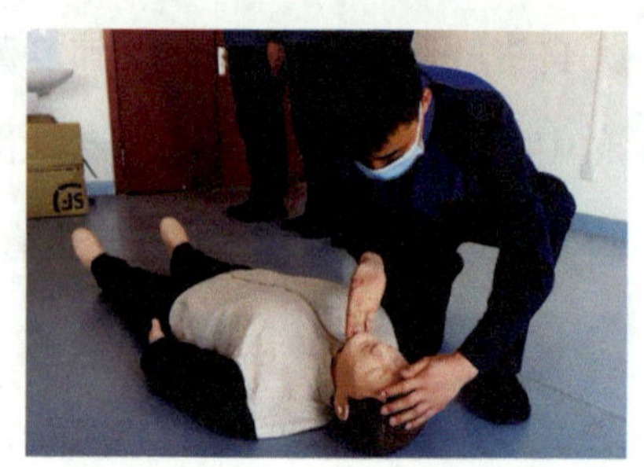

后用手掌推动，使其头部后仰，将另一只手的手指置于颏骨下方，提起下颌，使颏骨上抬。怀疑有颈椎损伤时采用托颌法。注意在开放气道的同时应用手指清理伤病员口中异物或呕吐物，有假牙者应取出假牙。

（7）人工呼吸

给予伤病员人工呼吸前，正常吸气即可，无须深吸气；所有人工呼吸（无论是口对口、口对面罩、球囊-面罩或球囊对高级气道）均应该持续吹气1秒以上，保证有足够量的气体进入并使伤病员胸廓起伏；如第一次人工呼吸未能使胸廓起伏，可再次用仰头提颏法开放气道，给予第二次通气，但应避免多次吹气或吹入气量过大导致过度通气。

按压通气比为30：2，如双人或多人施救，应每2分钟或每5个周期CPR（每个周期包括30次按压和2次人工呼吸）更换按压者，并在5秒钟内完成转换。

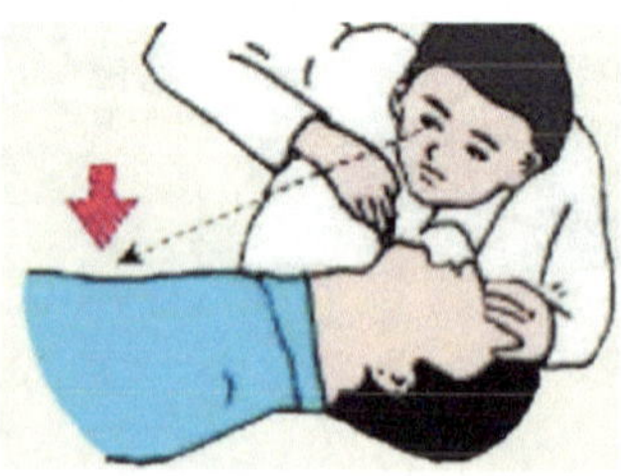

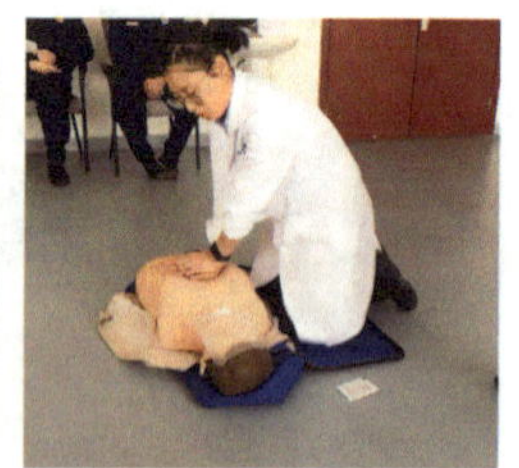

三、现场救治技术

参加救援任务时伤员的及时救护和快速转运是提高救治成功率、降低致残率、维护和再生战斗力的重要环节。

自救互救是指在平时训练或救援任务中利用简单的材料进行通气、止血、包扎、固定、搬运等初步急救处理的过程。自救互救技术并不复杂，所用器材也较为简单，也可现场取材代替。

（一）止血

成人血容量占体重的8%，4 000～5 000毫升。失血量达总血量的5%～10%时，可自行代偿；大于20%时，出现面色苍白、四肢湿冷等休克症状；大于40%时，可危及生命。损伤部位紧急止血是自救互救重要而常用的急救措施，如不及时急救止血，可造成失血性休克，甚至死亡。根据出血的特点，可迅速判断出血的类型和部位。

一般出血分三类：

（1）动脉出血：色鲜红，搏动性喷射状，出血速度快。

（2）静脉出血：色暗红，持续涌出状，出血速度慢。

（3）毛细血管出血：色鲜红，渗出状，出血点不易判断。

应根据出血类型和部位，采用相应的止血方法，选取相应的止血器材，包括制式器材和就便器材。前者包括创可贴、绷带、无菌纱布（棉垫）、三角巾、橡皮止血带、弹力止血带等，后者主要有清洁的毛巾、手帕、弹力绳等。

1. 指压止血法

指压止血法是指用手指压住动脉经过骨骼表面的部位，达到临时止血目的的方法，适用于头、面、颈、四肢部位大出血的急救。注意事项：指压部位要正确，应向骨骼方向进行压迫，压力大小要适中。

（1）颈总动脉指压止血法

颈总动脉指压止血法适用于同侧头颈部出血。将拇指置于胸锁乳突肌中点前缘，其他四指并拢，将伤侧颈总动脉用力压向椎骨。注意事项：要避免同时压迫两侧颈总动脉，防止脑缺血；应避开气管；不能高于环状软骨，以免压迫颈动脉窦而使血压骤降。

（2）面动脉指压止血法

面动脉指压止血法适用于眼部以下的面部出血。在下颌骨下颌角前方2厘米附近将面动脉用力压向下颌骨。

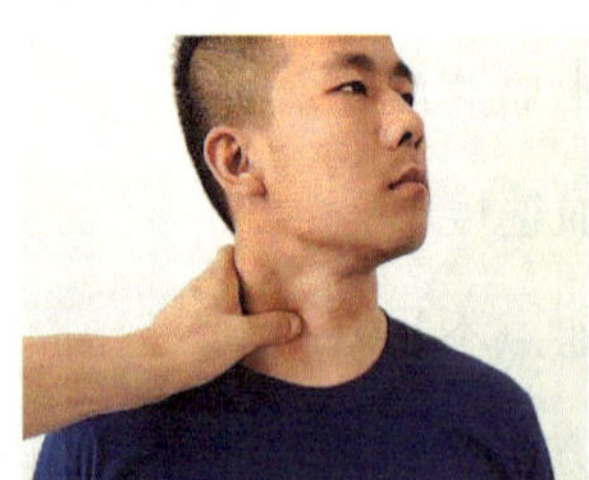

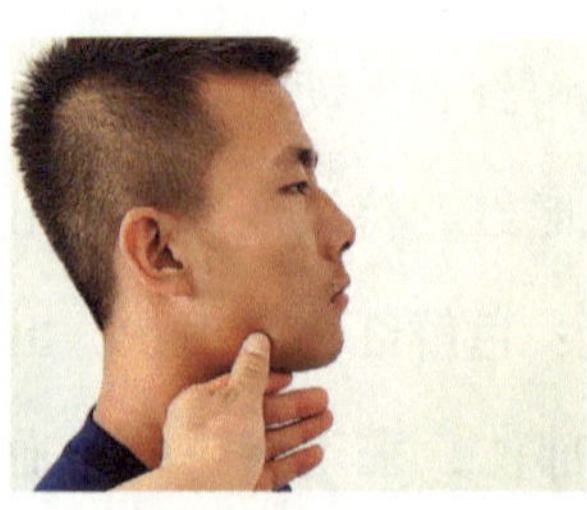

（3）颞浅动脉指压止血法

扫二维码获取视频

颞浅动脉指压止血法

颞浅动脉指压止血法适用于一侧额部和颞部出血。用拇指或食指在耳前方、下颌关节附近将颞浅动脉用力压向颞骨。

（4）锁骨下动脉指压止血法

锁骨下动脉指压止血法适用于伤侧肩部和上肢出血。在伤侧锁骨上窝用拇指将锁骨下动脉压向肋骨。

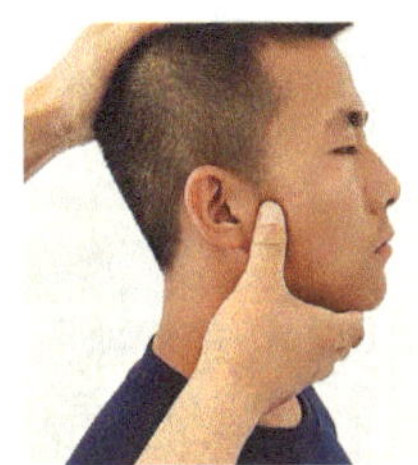

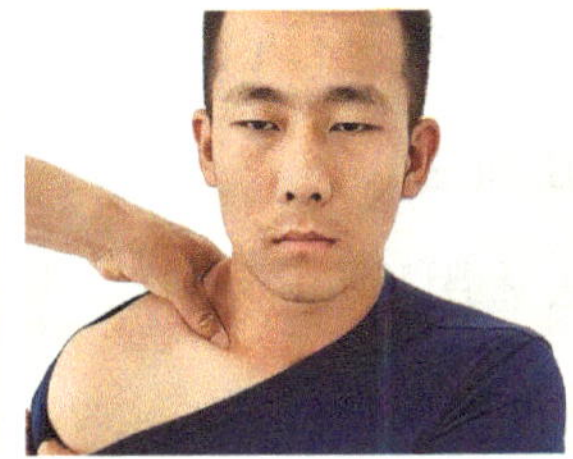

（5）肱动脉指压止血法

肱动脉指压止血适用于上臂下段、前臂和手部大出血。在上臂上内侧，肱二头肌内侧沟处，用拇指将肱动脉压向肱骨。

（6）尺桡动脉压迫止血法

尺桡动脉压迫止血法适用于手部出血。在腕部以两手拇指同时压于尺桡动脉上。

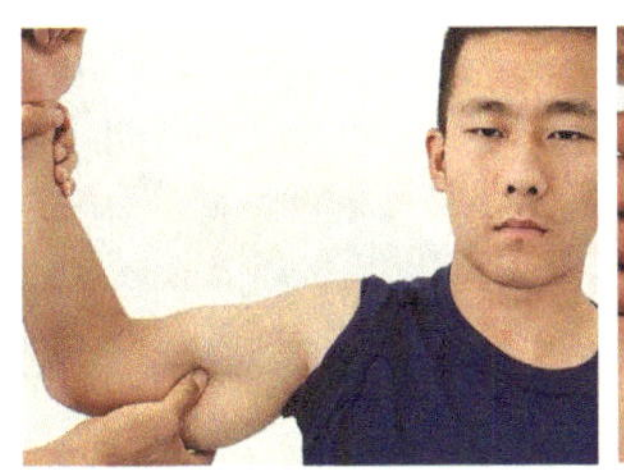

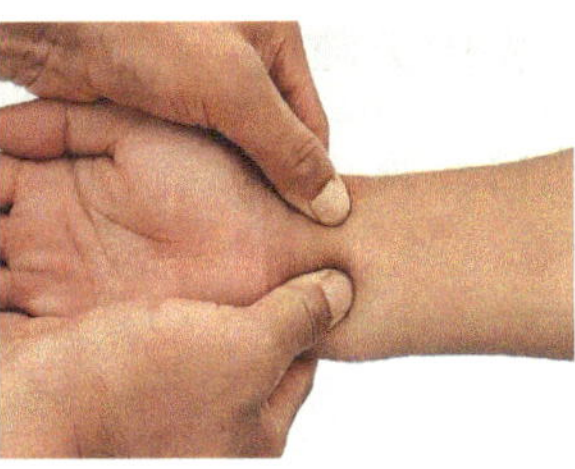

（7）指动脉压迫止血法

指动脉压迫止血法适用于手指出血。指动脉走行于手指两侧，手指出血时，应捏住指根部两侧进行止血。

（8）股动脉指压止血法

股动脉指压止血法适用于大腿、小腿和足部大出血。将两手拇指重叠于大腿根部股动脉最明显的搏动点，用力将股动脉压向股骨进行止血。

（9）足部动脉压迫止血法

足部动脉压迫止血法适用于足部出血。用拇指用力压住足背动脉和胫后动脉进行止血。

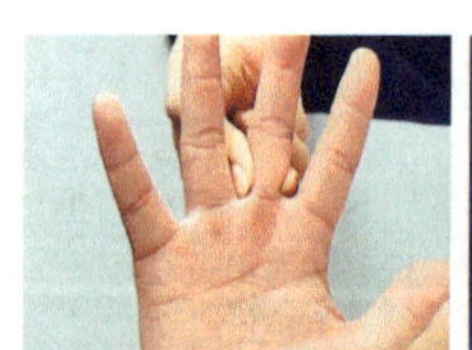
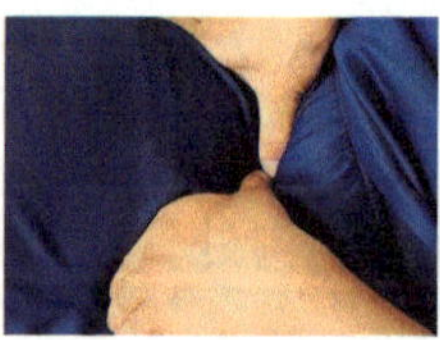
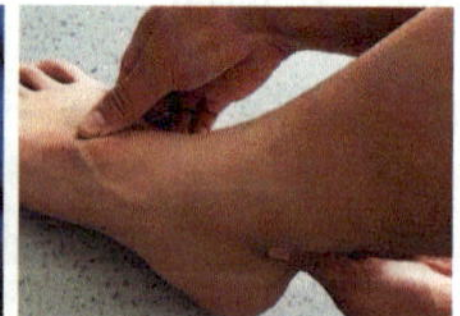

2. 加压包扎止血法

加压包扎止血法适用于静脉出血、毛细血管出血；可配合其他止血方法一起用于动脉出血。先用无菌或干净敷料、纱布等覆盖伤口，再用绷带或三角巾等加压包扎。

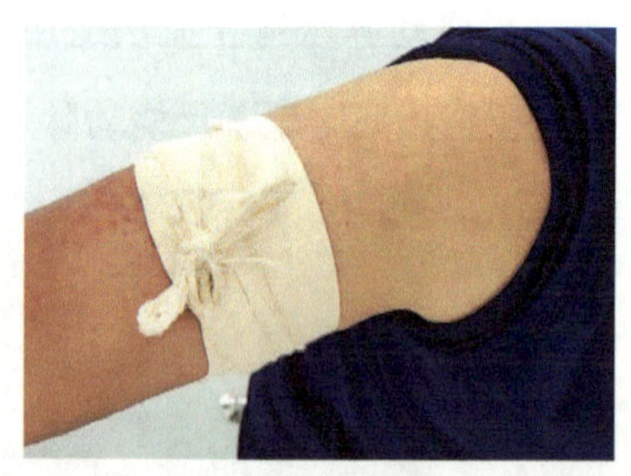

注意事项：伤口应尽量清洁；无急救包时可选用身边清洁毛巾、布料替代；包扎应注意松紧适度，以保证肢体远端能摸到动脉搏动为原则；可适当抬高肢体，以增加静脉回流和减少出血。

3. 止血带止血法

止血带止血法适用于加压包扎不能控制的四肢大动脉出血。止血带有橡皮管止血带、卡式止血带、充气止血带、CAT止血带等。

（1）橡皮止血带止血法

在出血处近心端用纱布、衣物、毛巾等物垫好，再扎橡皮止血带。具体方法：用一手拇指、食指、中指夹持止血带头端，将尾端绕肢体一周后压住止血带头端和手指，再绕肢体一周，用食指、中指夹住尾端，抽出手指即成一活结。

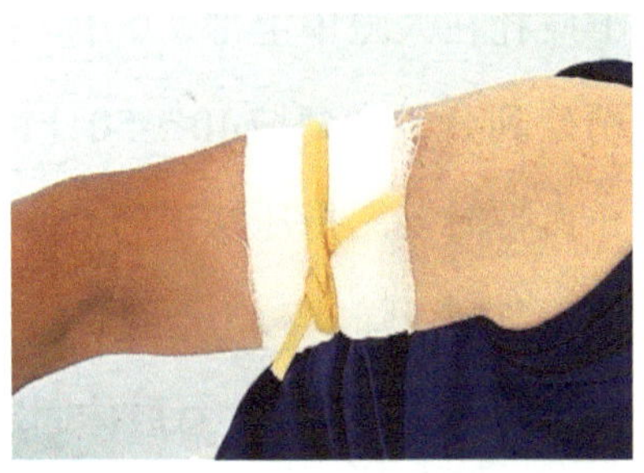

（2）绞棒止血法

无制式止血带时，可就近取材，用三角巾、绷带、手帕等物折叠成带状，出血近心端加垫后缠绕在肢体上，在动脉走行背侧打结，然后用小木棒、笔杆等插入并绞紧，直至出血停止。其步骤是，一提二绞三固定。

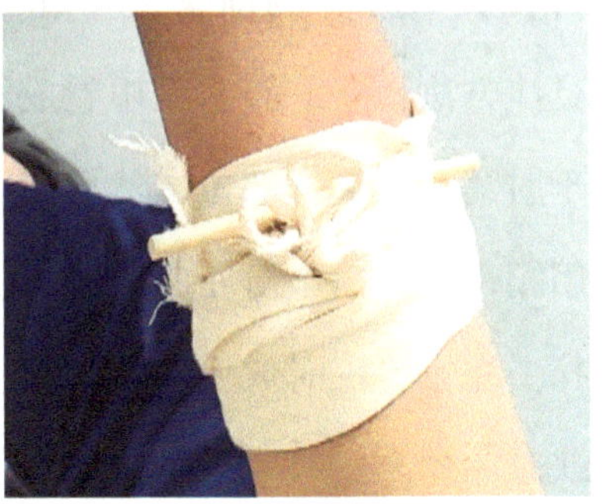

注意事项：①快速。动作要快，争分夺秒，先扎止血带后包扎。若能用加压包扎等其他方法止血，最好不用止血带止血。②加垫。扎止血带部位应垫以纱布、毛巾、衣物等，不能直接捆扎在皮肤上，以免损伤皮肤。③适宜。松紧适宜，以控制肢体明显出血为宜。止血带扎得太松会仅压迫静脉，使血液回流受阻，导致出血更多，并引起组织充血和水肿；止血带扎得太紧会导致软组织、血管、神经损伤。④近端：止血带必须扎在伤口的近心端，上肢扎在上臂上1/3处，下肢扎在大腿中上部。⑤标注：扎上止血带后必须注明日期，时间要精确到分钟。每隔40～50分钟放松一次，每次松开5～10分钟，放松止血带时要用指压法进行止血，并且要缓慢放松，防止再次出血导致血压急剧下降。对扎止血带的伤员应当挂有明显的标识，并优先护送，注意肢体固定和保暖。扎止血带最好不要超过5小时。⑥忌用：禁忌用尼龙绳、电线等物品充当止血带，防止软组织、血管、神经损伤。

扫二维码获取视频

屈肢加垫止血法

4. 屈肢加垫止血法

屈肢加垫止血法适用于没有骨折、关节脱位的前臂或小腿出血。具体方法：将纱布、毛巾卷成筒状置于肘窝或腘窝等部位，然后屈肢，再用绷带或三角巾对屈曲的肢体加压包扎。注意要定时放松肢体，防止肢体缺血坏死。

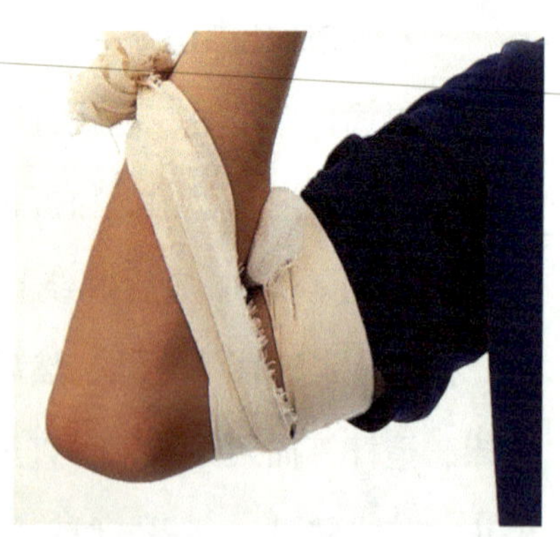

（二）包扎

包扎是运用器材对出血部位进行覆盖、捆扎固定的急救措施。其目的是止血、保护伤口、防止感染，固定敷料、夹板。包扎材料主要有三角巾和绷带，紧急情况下可使用就便器材。

注意事项：①发现、暴露、检查、包扎伤口要快速。②操作轻柔，不要碰触伤口，以免增加伤口流血和疼痛。③松紧适度，覆盖完全，打结应避开伤口和不宜压迫的部位。四肢包扎应由远端向近端进行，并且要露出肢体末端，以便观察血运情况。④要仔细处理伤口，对伤口内的异物不要轻易取出，防止大出血和内脏脱出。尽量进行伤口清洗消毒，敷料做到无菌，以防加重感染。

1. 绷带包扎

绷带包扎是急救外科中常见的技术，其目的是固定敷料或夹板，防止移位或脱落，临时或急救时固定骨折和受伤的关节，支持和悬吊肢体，对创伤出血进行加压包扎止血。

绷带环形包扎法

注意用力均匀，松紧适宜，密切观察肢体远端血液循环。

（1）环形包扎法

环形包扎法适用于额部、颈部和腕部伤口。用敷料覆盖伤口，绷带环形缠绕数圈，每圈盖住前一圈，用胶布固定或撕开成两股打结。或在使用其他包扎法时，用该法缠绕两周，以固定绷带的始端和末端。

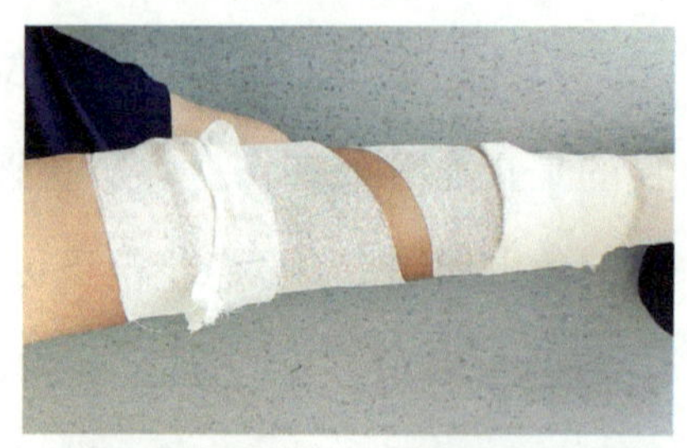

(2) 蛇形包扎法

蛇形包扎法适用于固定敷料和扶托夹板。用绷带卷斜形缠绕，每圈之间保持一定的距离而不相互重叠，包扎完毕后用胶布固定或撕开成两股打结。

(3) 螺旋形包扎法

螺旋形包扎法适用于肢体周径近似一致的部位，如躯干和上臂、大腿等。用敷料覆盖伤口，绷带环形包扎数圈，再螺旋缠绕，每圈盖住前圈的1/3～1/2，包扎完毕后用胶布固定或撕开成两股打结。

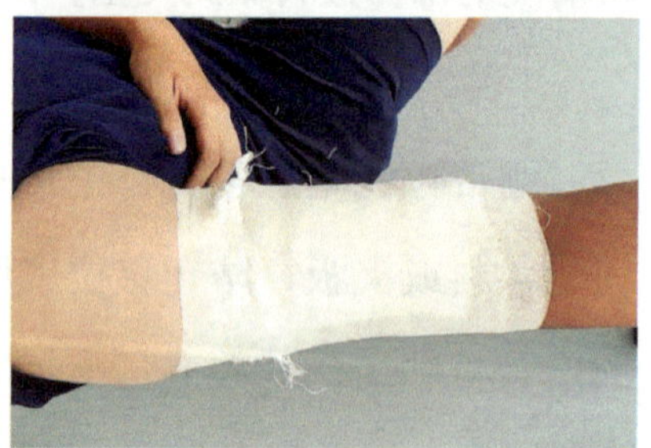

(4) “8”字包扎法

“8”字包扎法适用于肘、腕、膝、踝、肩等关节部位伤口。用敷料覆盖伤口，绷带斜形交叉，绕经关节上下相互交叉行“8”字形包扎缠绕，每圈在正面与前圈交叉，并叠盖前圈的

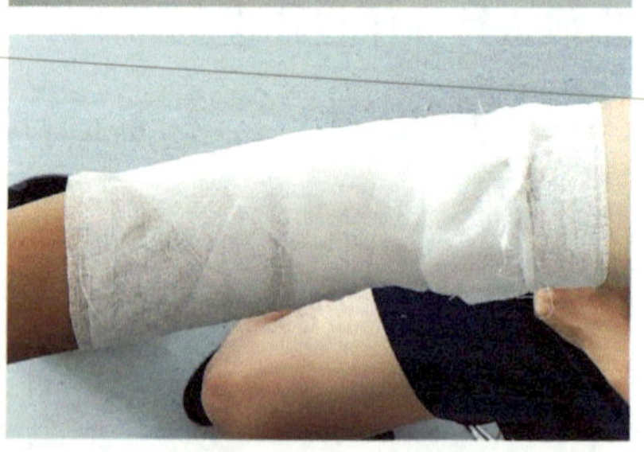

1/3～1/2，包扎完毕后用胶布固定或撕开成两股打结。

2. 三角巾包扎

三角巾包扎应用范围最广，其简便迅速、易掌握、包扎面积大、效果良好。可将三角巾折叠成多种形状，如条状、燕尾状、双燕尾状和蝴蝶状等。

扫二维码获取视频

三角巾头面部帽式包扎法

（1）头（面）部包扎法

头（面）部包扎法适用于头（面）部外伤。

①帽式包扎法

帽式包扎法适用于头顶部、枕部伤口。用敷料盖住伤口，将三角巾底边折叠约2指宽，放于前额眉上，顶角拉至枕后，左右两底角沿两耳上方往后，拉至枕外隆凸下方交叉，并压紧顶角。顶角拉紧并向上反折，将角塞进两底角交叉处，然后再绕至前额打结。

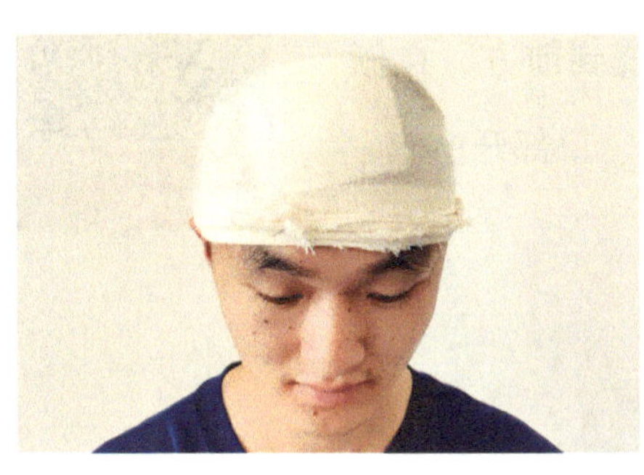

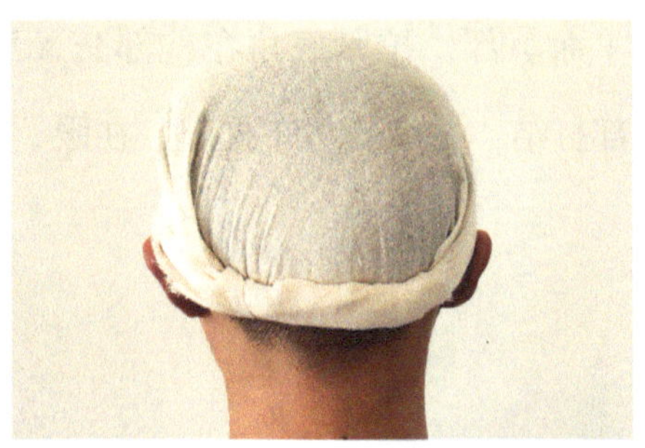

②风帽式包扎法

风帽式包扎法适用于头顶部、颞部、前额部、枕部、耳部、面颊部、下颌部伤口。用敷料盖住伤口，将三角巾顶角和底边中央各打一结，形似风帽，顶角结放于前额，底边结置于枕外隆凸下方，然后将两底角拉紧，包绕下颌，至枕后打结固定。

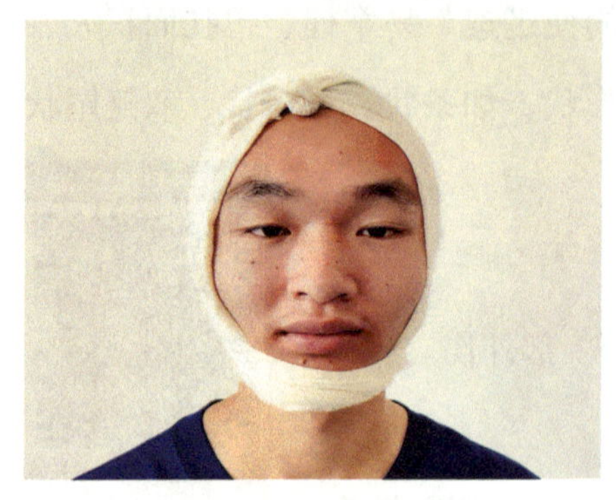

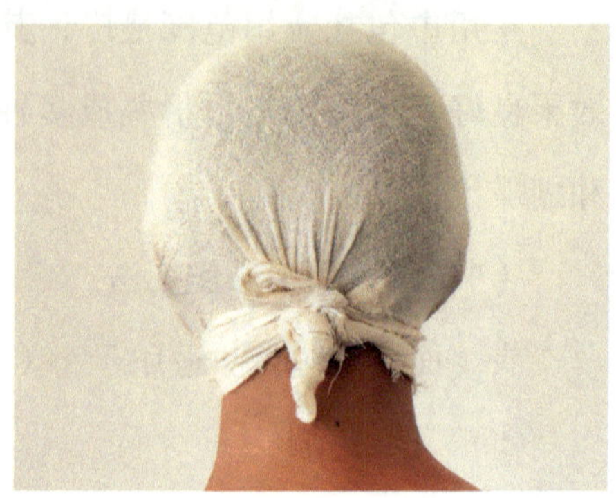

③面具式包扎法

面具式包扎法适用于颜面部伤口。用敷料覆盖伤口，将三角巾顶角打结，套住下颌并罩住头（面）部，拉紧底角在枕部交叉后绕到前方，在额部打结，并小心将布提起，在眼、鼻、口部开窗。

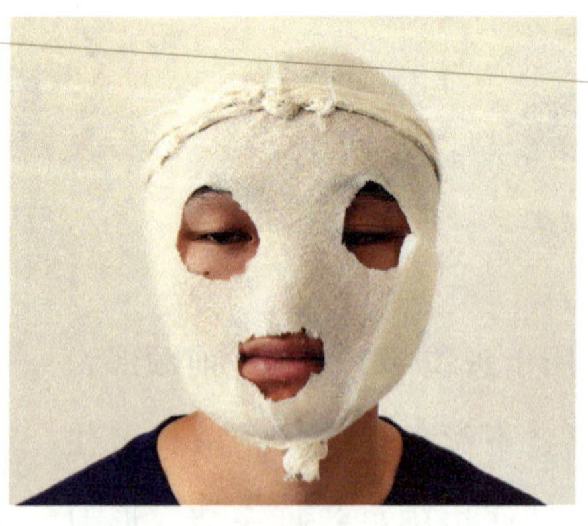

④单眼或双眼带式包扎法

单眼或双眼带式包扎法适用于眼部外伤。用敷料覆盖伤眼，将三角巾折叠成约4指宽的带形，将2/3向下斜放于伤侧眼部，从耳下绕至枕后，经健侧耳上至前额，压住上端绕头一周打结。如包扎双眼，可将上端反折向下，压住另一伤眼，再经耳下至对侧耳前上方打结，呈“8”字形。

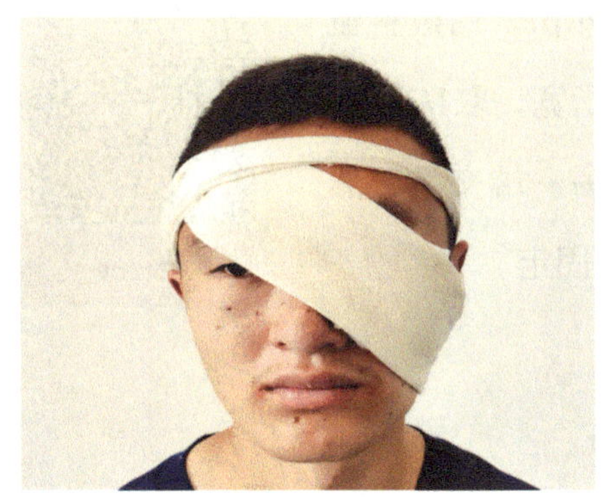

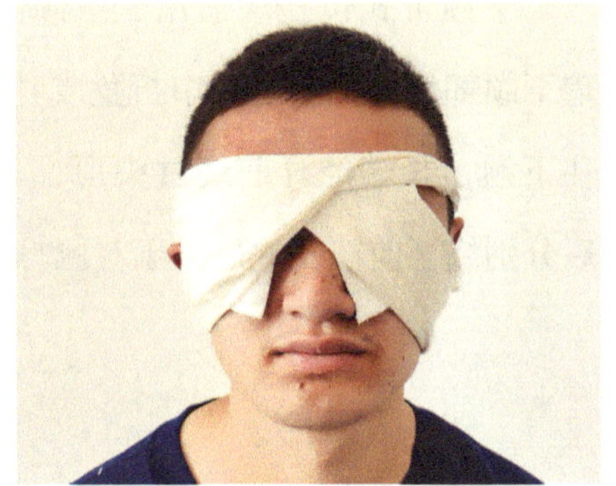

⑤单耳或双耳带式包扎法

单耳或双耳带式包扎法适用于耳部外伤。用敷料覆盖伤耳，将三角巾折成带形，宽约5横指，从枕后斜向前上绕行，把伤耳包住；另一侧角经前额至健侧耳上，两侧角交叉，于头的一侧打结固定。如包扎双耳，将三角巾条带中部置于枕后，两角斜向前上绕行，将两耳包住，在前额交叉，以相反方向环绕头部，两侧角相遇打结固定。

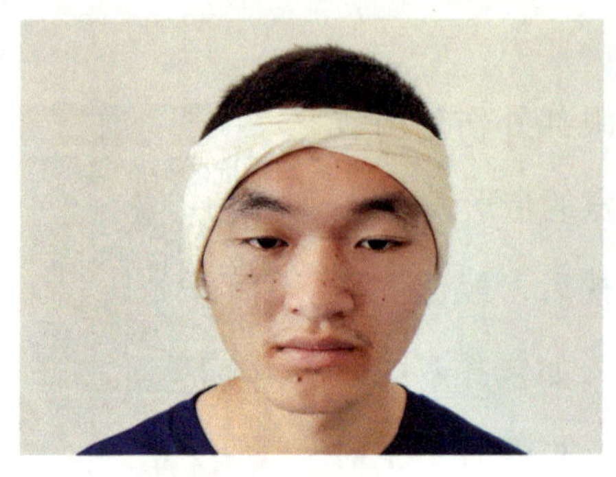
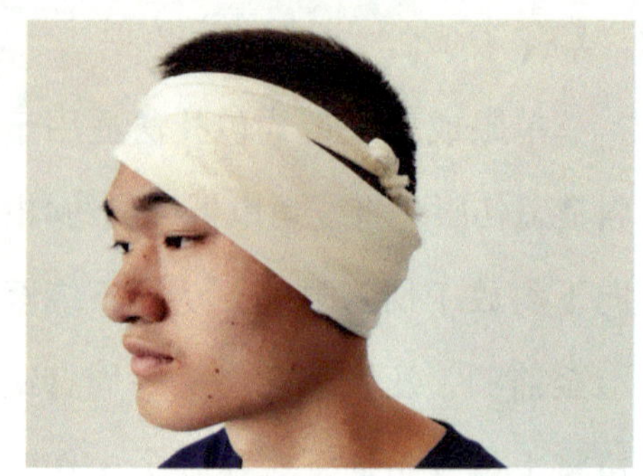

⑥下颌带式包扎法

下颌带式包扎法适用于下颌部外伤。用敷料覆盖下颌部伤口，将三角巾折叠成4横指宽，取1/3处托住下颌，长端经耳前绕过头顶，与另一端交叉，然后分别绕至前额及枕后，于对侧打结固定。

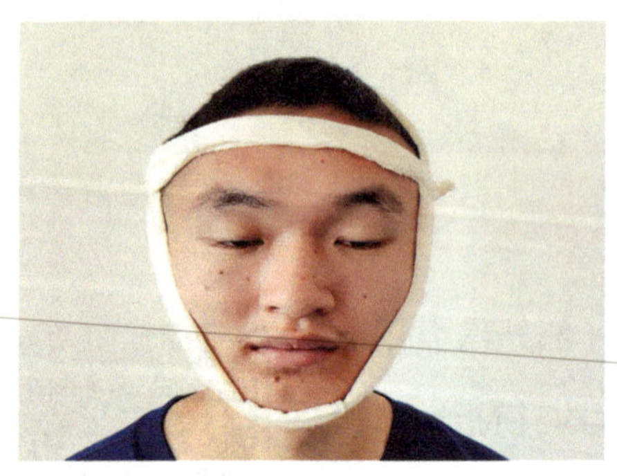
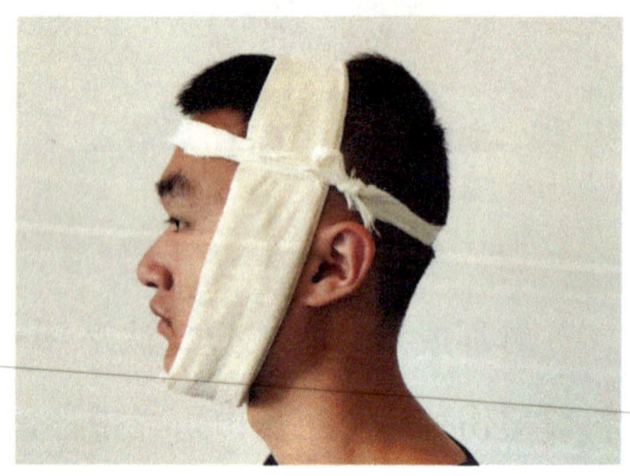

（2）肩部包扎法

肩部包扎法适用于肩部外伤。

①单肩燕尾式包扎法

用敷料覆盖肩部伤口，将三角巾折叠成燕尾式，夹角约为80°，向后的角要略大于前角，后角压在前角上方，放于伤侧肩部，角对准颈侧面，两底角至对侧腋下打结，燕尾底边包绕上臂上1/3，在腋前或腋后打结。

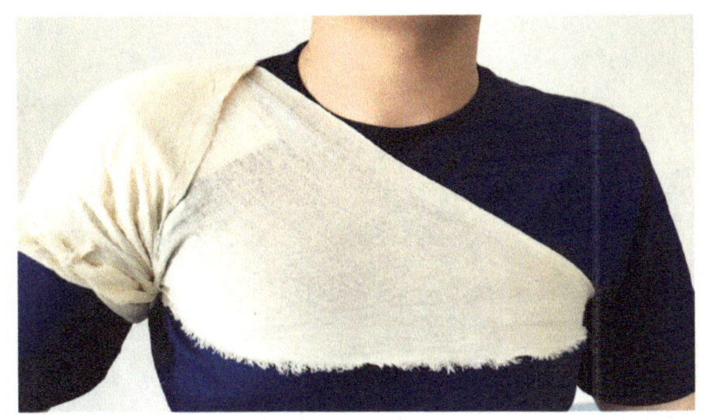

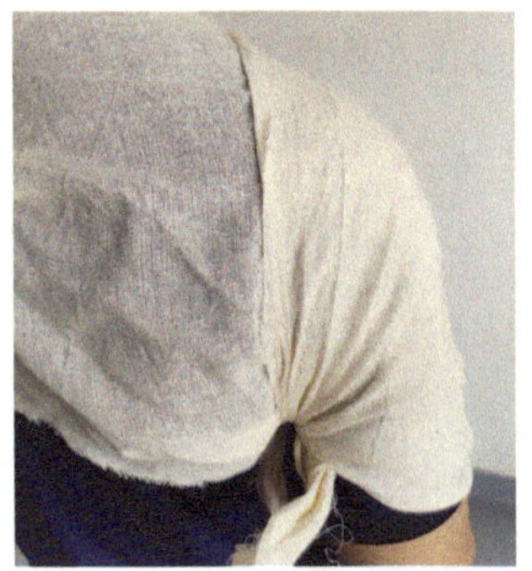

②双肩燕尾式包扎法

用敷料覆盖肩部伤口，将三角巾折叠成燕尾式，夹角约为130°，放于颈后部，两燕尾角分别包绕肩部，经腋下和两底边角打结。

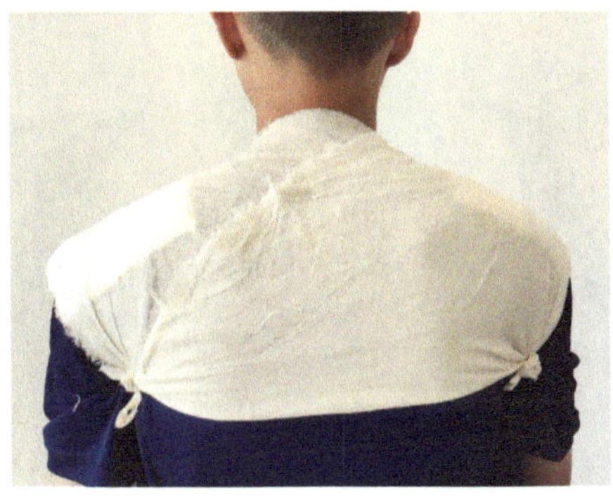

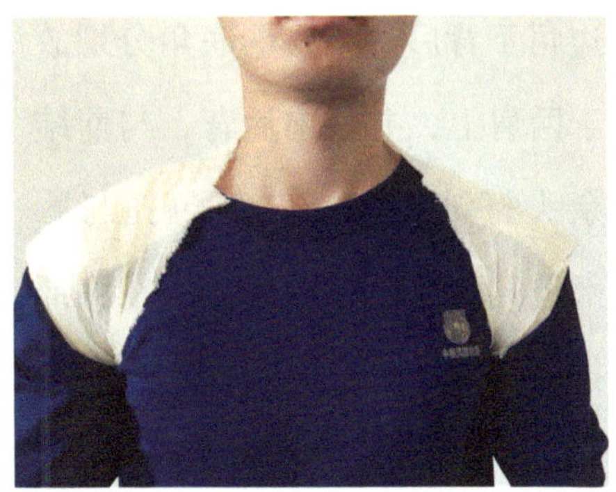

（3）三角巾胸（背）部包扎法

三角巾胸（背）部包扎法适用于胸（背）部伤口。

①胸（背）部一般包扎法

用敷料覆盖伤口，将三角巾放在胸部，顶角绕过肩后背部，两底角向后侧牵拉，与顶角在后背部打结。背部包扎和胸部包扎相反，即两底边角在胸部打结。

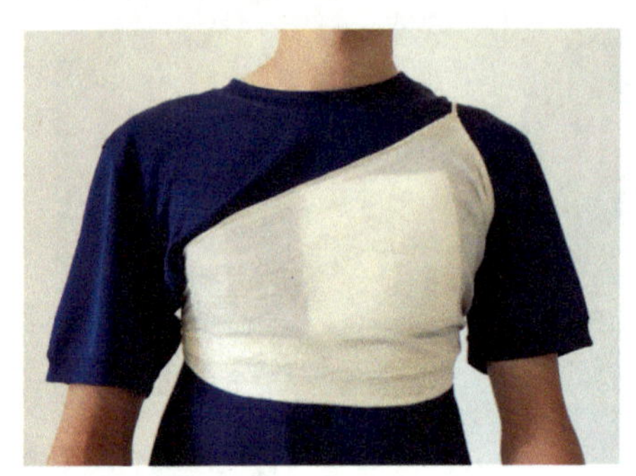

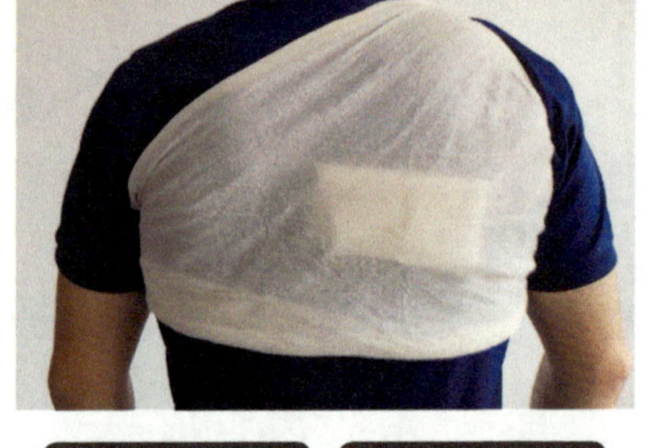

扫二维码获取视频

三角形胸背部燕尾式包扎法

②胸（背）部燕尾式包扎法

用敷料覆盖伤口，将三角巾折成燕尾式，置于胸前，两底边角于背后打结，两底角分别放于两肩上，并拉向后背，与前结余头打结固定。背部包扎与胸部包扎相反，即两底边角在胸部打结。

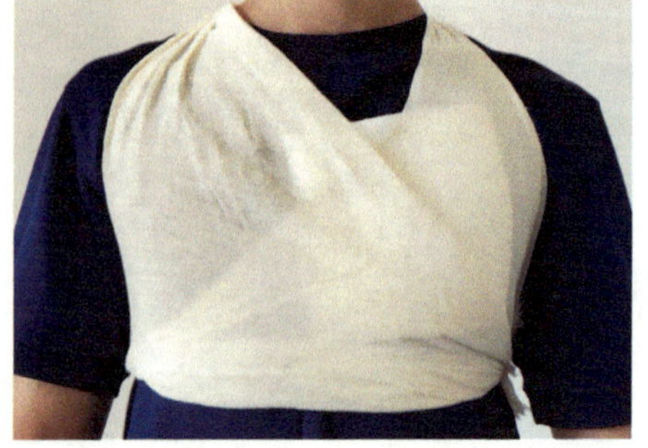

(4)三角巾腹部包扎法

三角巾腹部包扎法适用于腹部、骨盆、会阴部伤口。

①腹部兜式包扎法

用敷料覆盖伤口，将三角巾顶角向下，底边在上横放于上腹部，两底角向后腰部牵拉打结，顶角经会阴部拉至后面与两底角余头打结。

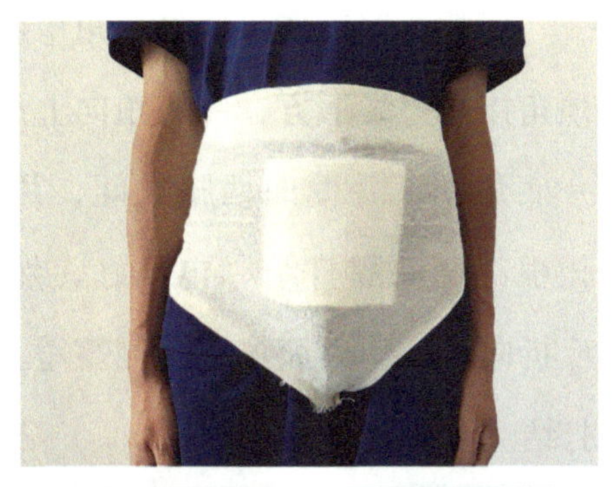

②腹部燕尾式包扎法

用敷料覆盖伤口，三角巾折叠成燕尾式，夹角约为90°，向前的燕尾角要大，压住向后的燕尾角。先在燕尾底边的一角系带，夹角对准大腿外侧正中线，底边两角绕腹于腰背打结，然后两燕尾角包绕大腿，并相遇打结。

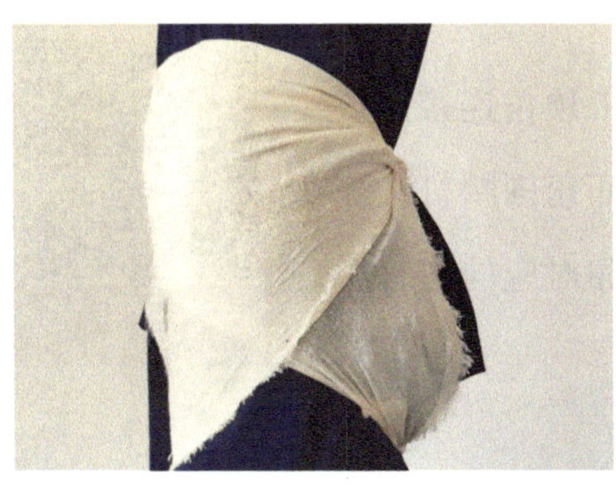

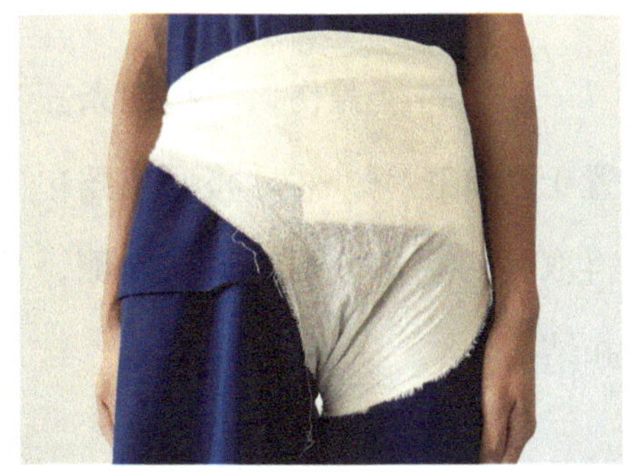

（5）三角巾臀部包扎法

三角巾臀部包扎法适用于臀部伤口。

①单侧臀部包扎法

用敷料覆盖伤口，将三角巾斜放在伤侧臀部，顶角接近臀裂下方，一底角向上放在对侧髂嵴处，一底角朝下并偏向两腿之间，用顶角的带子在大腿根部绕一圈打结、包扎好，然后把朝下的底角反折向上，从后面拉至对侧髂嵴上方，与另一底角打结。

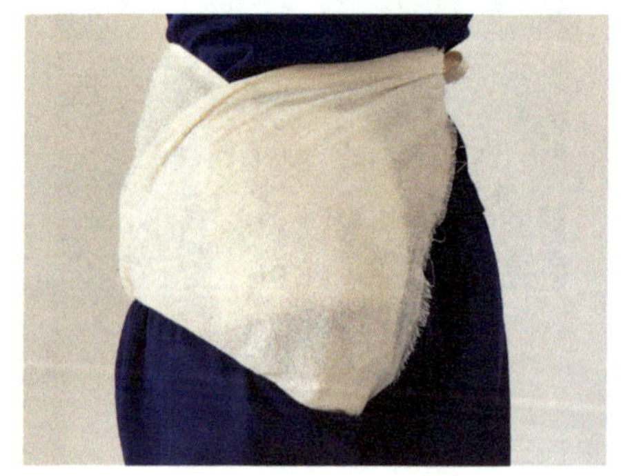

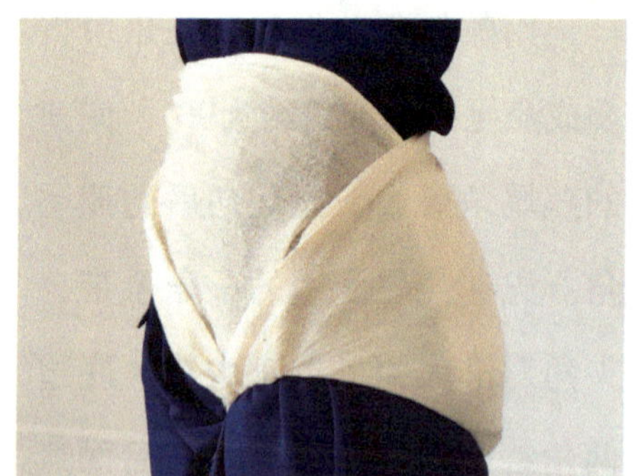

②双臀蝴蝶式包扎法

用敷料覆盖伤口，把两条三角巾顶角连接并放置于腰部正中，然后将两三角巾的底角围腰打结。再取另两底角分别绕大腿内侧，与相对应的边打纽扣结。

（6）三角巾四肢包扎法

三角巾四肢包扎法适用于四肢伤口和伤肢残端包扎。

①三角巾手（足）包扎法

用敷料覆盖伤口，手放在三角巾中央，手指向顶角，顶角折叠覆盖手，两底角左右交叉压住顶角，两底角在腕部和前臂交叉缠绕打结。打结后，应将顶角再折回打在结内。

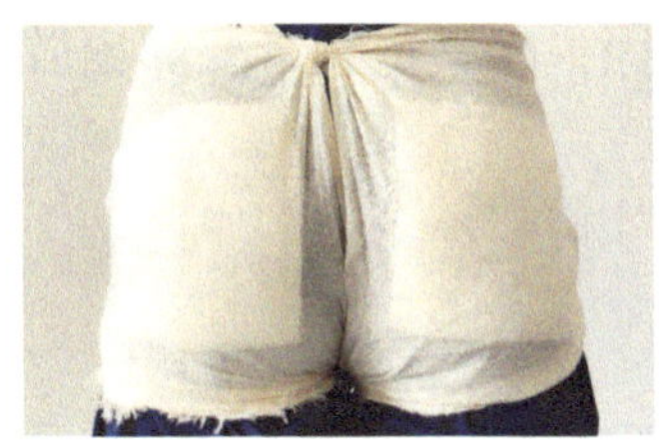

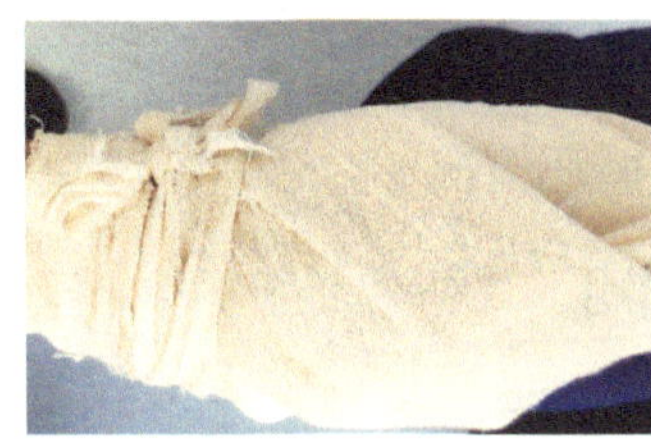

②手（足）“8”字包扎法

用敷料覆盖伤口，将三角巾折成条带状横放于手掌、手背、足跖、足背等处，再做“8”字交叉，绕腕、踝打结。

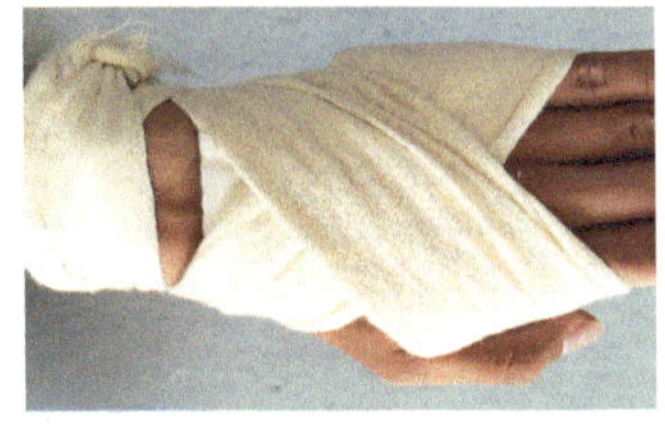

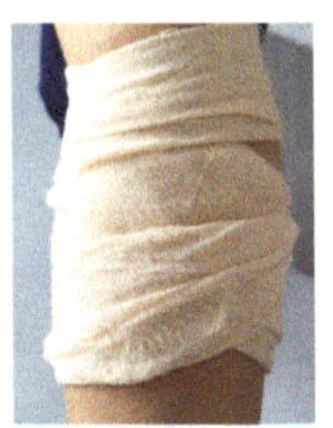

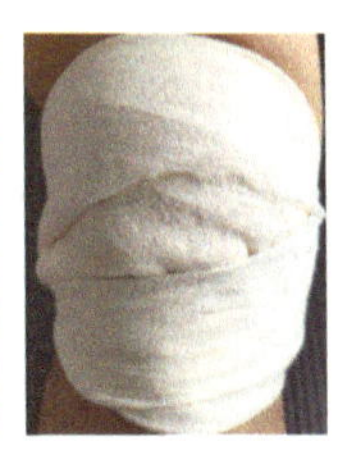

③三角巾肘（膝）包扎法

用敷料覆盖伤口，将三角巾折叠成适当宽度的条带状，将中段斜放于肘（膝）部，取带两端分别压住上下两边，包绕肢体一周打结。

（三）固定

固定是对骨折或关节脱位部位进行牢固制动的急救技术。其目的是避免加重损伤，防止骨折端移位，进一步损伤周围组织、神经和血管；减轻疼痛，便于伤员转运。除制式固定器材外，可用木板、树枝、书本、胶鞋等进行固定。固定要超过关节，骨突部位加垫；有伤口出血，先止血包扎，再进行固定；开放性骨折伤员，不能将外露骨折端送回伤口内，以免加重感染；固定要牢固，松紧适宜，要露出肢端，便于观察血液循环情况。

1. 锁骨骨折固定

（1）三角巾固定法

将两条三角巾分别折成约5横指宽条带，固定时腋窝加垫，用三角巾条带环绕腋部一周，在腋后打结，然后把左右三角巾一角拉紧，在背后打结，使左右肩关节后伸固定，也可用“8”字绷带法进行固定。

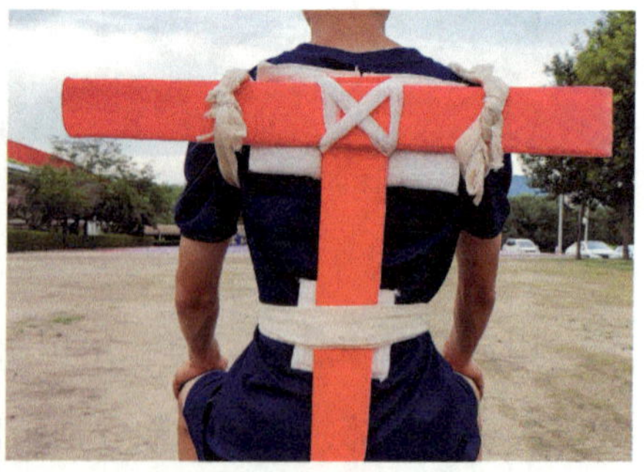

（2）“T”形夹板固定法

取两块木板，制成“T”形，用绷带缠好放于伤员背部，在骨突部位加垫，然后用三角巾或绷带固定。

2. 肱骨骨折固定

（1）夹板固定法

用两块夹板放在上臂内、外两侧，然后用绷带或折叠成条带状的三角巾在骨折上下端捆扎，松紧以捆扎带上下能活动1厘米为度，肘关节屈曲90°，前臂用三角巾悬吊于胸前。必要时再以绷带将上臂固定于躯干上，加以固定。

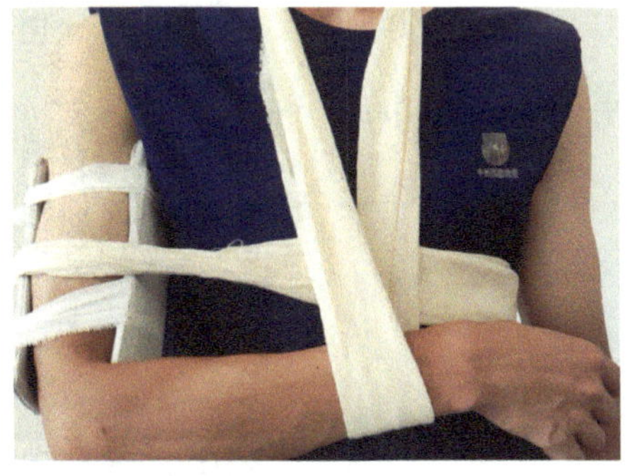

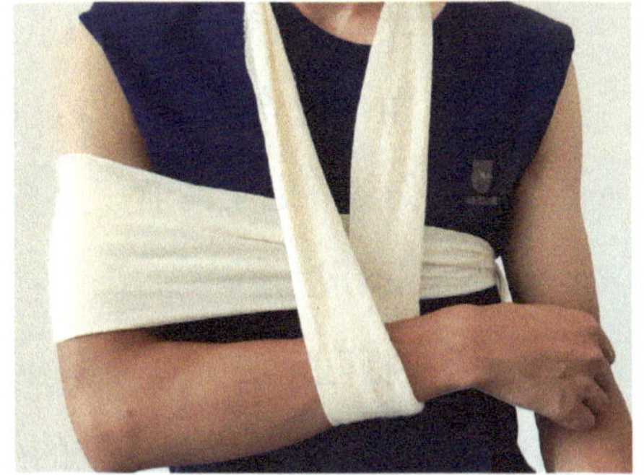

（2）三角巾固定法

将三角巾折叠成约10厘米宽的条带，将肱骨固定在躯干上，肘关节屈曲90°，再用三角巾将前臂悬吊于胸前。

3. 前臂骨折固定

（1）夹板固定法

在前臂掌侧、背侧各放一块夹板，用绷带或三角巾固定前臂于中间位，肘关节屈曲90°，用三角巾悬吊于胸前。

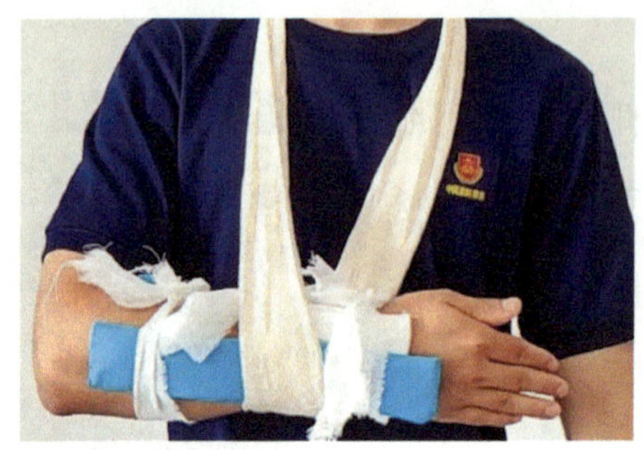

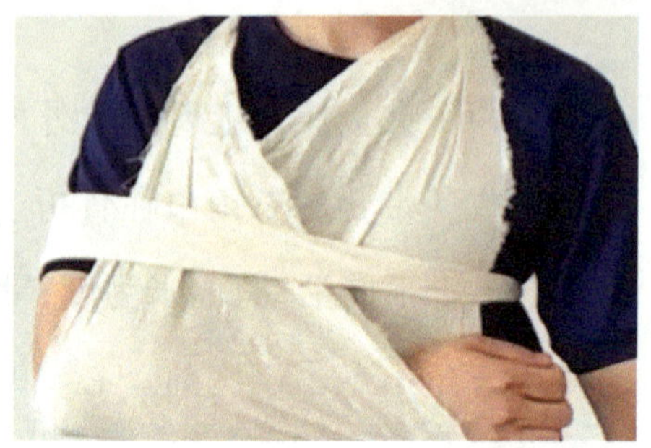

（2）三角巾悬吊法

先用三角巾将伤臂悬吊后，再用一条三角巾或一条绷带将伤臂固定于胸前。

4. 大腿骨折固定

（1）夹板固定法

用一块长木板，放在伤肢的外侧，木板的长度必须上至腋下，下至足跟。在骨突部、关节处和空

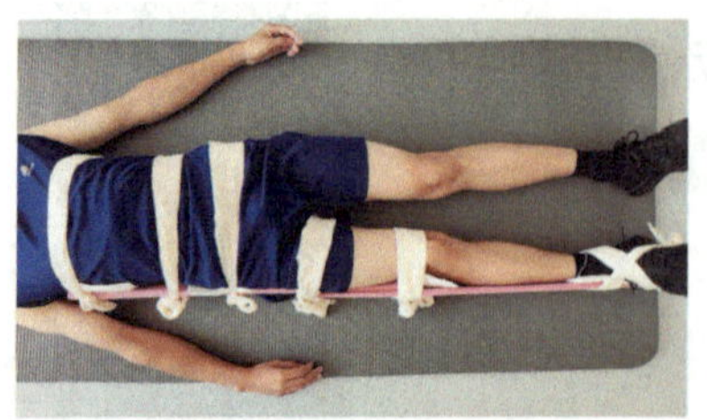

隙部位加垫，然后用三角巾或绷带，分别在骨折上下端、腋下、腰部、髋部、踝关节等处

打结固定。

（2）三角巾健肢固定法

将伤员两下肢并拢，在两腿间的骨突部和空隙部加垫，然后用5～6条三角巾条带，将伤肢固定在对侧健肢上，踝关节和足进行“8”字固定。

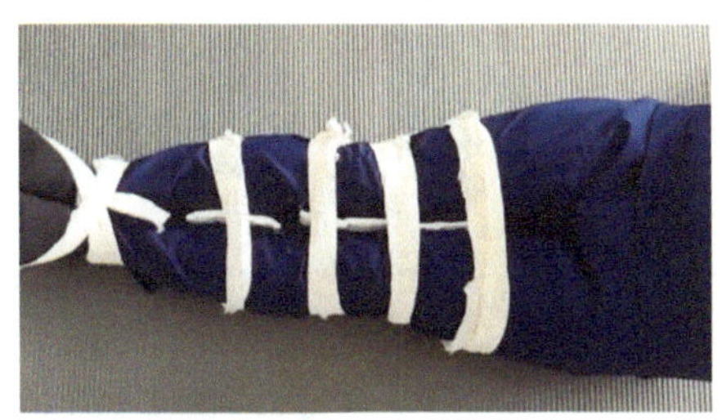

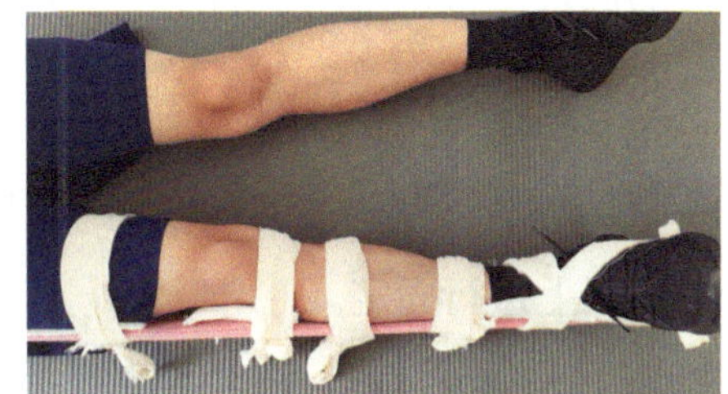

5. 小腿骨折固定

（1）夹板固定法

用两块相当于大腿中部到足跟长度的木板，分别放在小腿内外侧，如果只有一块木板，可放在小腿外侧，骨突部位加垫，用三角巾或绷带分别在骨折上下端、大腿中部、膝下和踝关节部位打结固定，足部做“8”字形固定，使足尖与小腿呈直角。

（2）三角巾健肢固定法

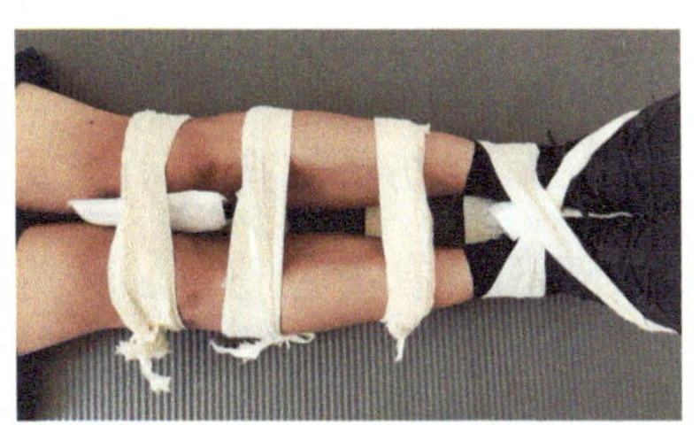

将三角巾折成条带，在骨折上下端、膝关节、踝关节和足部打结固定，将伤肢固定在健肢上。

6. 脊柱骨折固定

（1）颈椎骨折固定

稳定伤员头颈部，保持头颈部不要移动，轻轻地在颈项部垫入一个毛巾卷进行固定，在头颈部两侧放置沙袋固定，也可用伤员的皮靴、衣物等代替进行固定。移动伤员时应多人配合，同时用力，将伤员移动至木板或担架上进行固定。

（2）胸、腰椎骨折固定

取三块木板，制成“工”字形，用绷带缠好放于伤员腰背部，在骨突部位加垫，然后用三角巾或绷带固定。

（四）搬运

搬运是指运用相关器材将伤员迅速搬离现场，转运至安全地域或医疗机构的急救技术。其目的是将伤员迅速、安全地搬至安全地域或送到上级医疗机构，以防止伤员再受伤，并能得到及时有效的医疗救治。其原则是搬运前如情况允许，一般先止血、包扎、固定再搬运；根据现场情况，灵活运用搬运方法和工具，确保伤员安全；动作要轻柔，避免和减少震动；搬运过程中如发现伤员有面色苍白、脉搏细弱、头晕眼花等症状时，应暂停搬运，先进行现场紧急救治，待情况好转后再送医。除徒手搬运外，还可利用各种类型的担架进行搬运。

1. 徒手搬运

（1）搀扶法

搀扶法搬运伤员，一般适用于整体伤情比较轻，能够自己站立行走的伤员，具体是由一个或两个救助者托住伤员的腋下，也可由伤员将手臂搭在救助者的肩上，救助者用一手拉住伤员的手腕，另一手扶住伤员的腰部，转移伤员。

（2）背驮法

背驮法搬运适用于搬运自主意识清醒、体重较轻，自己可以站立但不能自行行走的伤员。救助者背对伤员蹲下，然后将伤员上肢拉向自己的胸前，用双臂托住伤员的大腿，救助者站立后，略向前倾斜行走。但有呼吸困难或者哮喘及胸部创伤的伤员不适用此法。

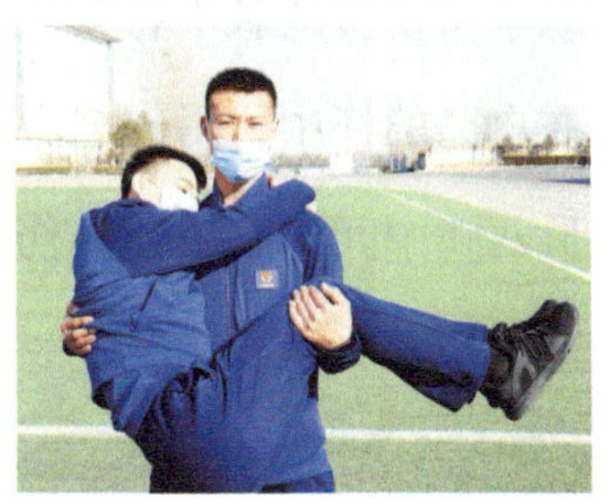

（3）抱持法

抱持法搬运适用于一名救助者实施搬运伤员。救助者先将伤员的双臂搭在自己的肩上，然后一手抱住伤员的背部，另一手托起腿部。采用抱持法转运伤员，主要是针对伤势较重而脊柱没有受伤的伤员，但不适合长距离转运。

（4）双人搭椅法

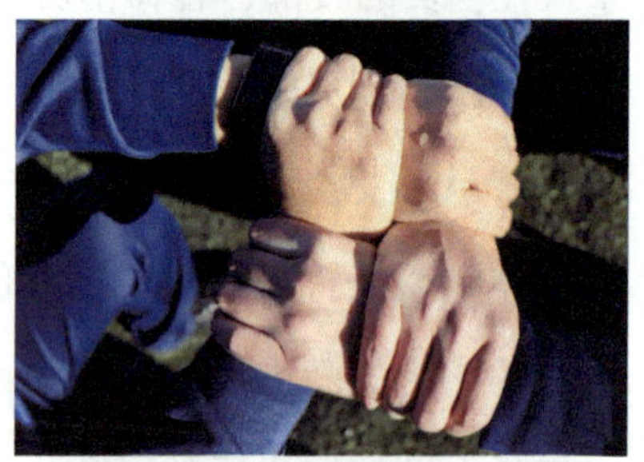

双人搭椅法适用于自主意识清醒并且能够积极配合救助者的伤员。两名救助者面对面站于伤员的左右两侧，然后两人弯腰各将一只手伸到伤员大腿后侧，两手握紧，另一只手彼此交叉支持伤员背部，托起伤者。或者两名救助者在伤员两腿间右手紧握自己的左手手腕，左手紧握另一救助者右手手腕，伤员的双臂分别搭在两名救助者的肩上，再托起伤者。

（5）拉车式法

拉车式法适用于搬运没有骨折的伤员，并且需要两名救护者同时进行搬运。一名救助者站在伤员的后面双手从伤员的腋下将其头部和背部抱在自己的怀中，另一名救助者蹲在伤员两腿中间，双手抓住伤员的两腿，抬起伤者。

2. 搬运工具

（1）担架

担架是最舒适的一种搬运工具，只要条件许可，应尽量利用此法。最好使用铲式担架、折叠担架等。

①在使用担架时，将担架放在伤员的伤侧，两名担架人员，单腿跪在伤员健侧，一人托住伤员的头部和肩背部，另一人托住伤员腰、臀部和膝下部，伤者能配合时嘱其双手抱住担架人员颈部，互相协作，同时起立将伤员轻放在担架上。伤员躺在担架上的体位以舒适为宜，最好用被褥垫平，空隙处用衣服或软草等填实，以免在搬运途中摇晃。担架上的扣带应当固定好。

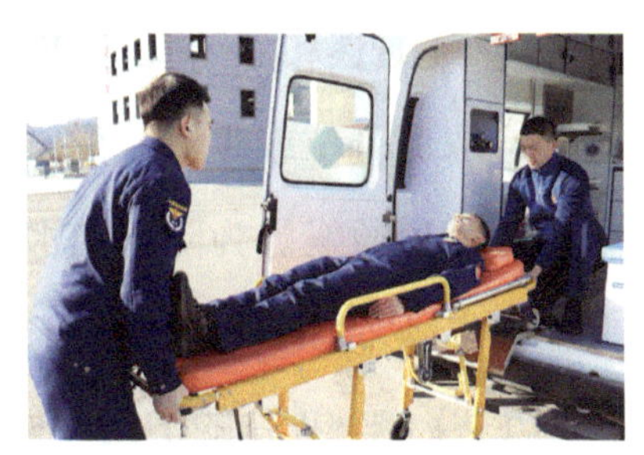

②抬着担架行进时，伤员应当头在后、脚在前，后面的担架员随时可关注伤员伤情变化，发现异常及时妥善处理。行走时尽可能使担架平稳，防止颠簸。寒冷季节注意保暖，防止伤员冻伤或受凉，上坡时伤员头部朝前，下坡时相反，搬运途中要保证伤员的安全，不要让伤员再次受伤。

（2）床板

这是最简便易行的方法。将木床板临时变成运送伤病员的工具，适用于骨折或非骨折的各种伤病员。

①将伤员用平托法放在平板上。

②多人同时搬运，注意保持伤员平稳。

（3）毛毯或床单、木棍或竹竿

作为担架的代替工具，用于运送非骨折伤病员。

①先将毛毯或结实的床单展开，约在中间1/3区域的两边各放一根木棍或竹竿（木棍和竹竿要有足够的承重能力）。

②将一边毛毯或床单对折，同时压住同侧木棍或竹竿。

③将另一侧的木棍或竹竿拿起，压住刚折叠过去的毛毯或床单边缘。

④再将剩下的一边毛毯或床单对折过来，一副简易的担架就完成了。

3. 危重伤员的搬运和注意事项

（1）昏迷和颅脑损伤的伤员

应取侧卧位或腹侧卧位搬运，便于口腔和呼吸道分泌物排出，以保持呼吸道通畅。为防止脑水肿，应垫高伤员头部，头部要高于身体其他部位，并稍作固定，防止搬运途中颠簸。

（2）胸部损伤的伤员

应取侧卧位搬运，搬运时伤侧在下，健侧在上，以免影响呼吸。

（3）腹部损伤的伤员

应取仰卧位。为减少腹壁张力，可在伤员的膝关节下用衣物垫高，髋关节和膝关节均处于半屈曲位。

（4）骨盆骨折伤员

应先用三角巾对骨盆进行固定，然后仰卧于担架上，膝关节下稍垫高，髋关节和膝关节屈曲，两下肢略外展。

（5）脊柱与脊髓损伤伤员

在搬运时要特别注意，严禁将颈部和躯干前屈和扭转，应使脊柱保持在伸直的姿态，绝对禁止一人抬肩、一人抬腿的搬运法，以免损伤脊髓或加重脊髓损伤。

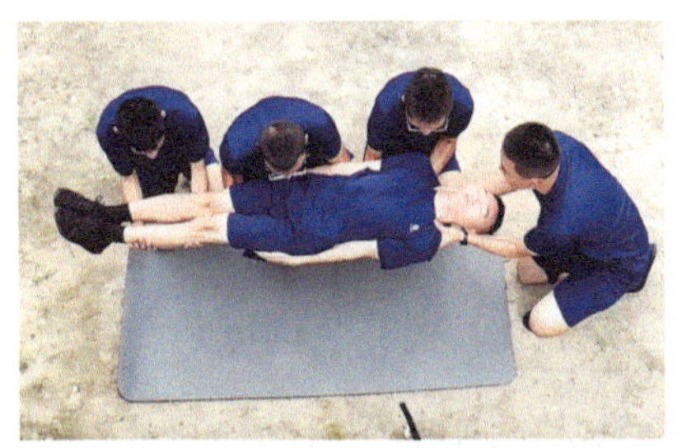

①颈椎骨折的伤员，应由四人进行搬运，一人专管头部牵引固定，使头部保持与躯干成直线的位置，保持颈部不动，以免脊柱活动而损伤脊髓，其余三人应蹲在伤员同侧，两人托住躯干，一人抱住下肢，要齐心协力，动作一致，将伤员抬上担架。取仰卧位，轻轻在颈项部垫入毛巾卷，头颈两侧垫上沙袋、衣物或作战靴等物进行固定，以免搬运过程中头部左右摇晃。

颈椎骨折搬运

胸、腰椎骨折搬运

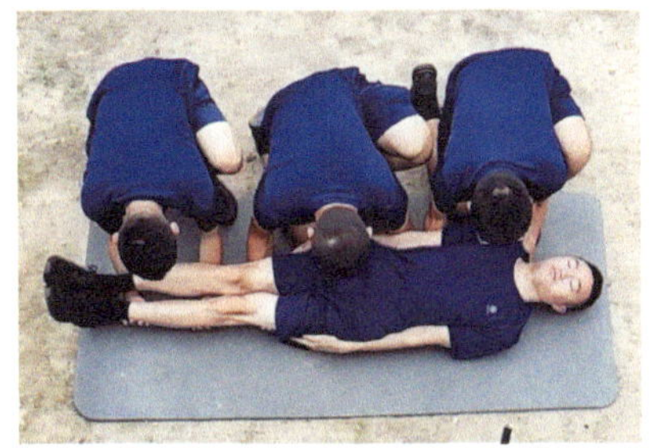

②胸、腰椎骨折的伤员，应由三人进行搬运，三人蹲在伤员的同侧，一人托住肩和头部，一人托住腰部和臀部，另一人抱住伸直而并拢的双腿，协同用力，将伤员抬到硬质担架上。取仰卧位，同时胸腰部用10厘米厚的垫子垫起。

四、常备急救用品

应按中队配备急救用品箱组，以备紧急情况下使用。常用的急救用品包括：

（1）棉签、创可贴、三角巾。主要用于小创面、伤口包扎，可备多种规格大小的创可贴。

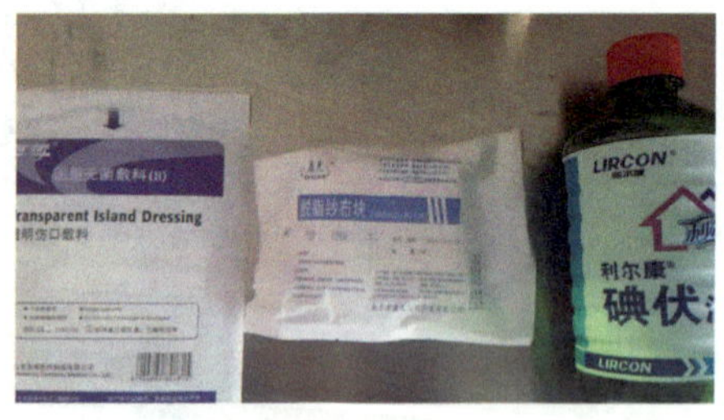

（2）弹力绷带、无菌纱布。在发生稍大面积外伤时，无菌纱布可用于伤口覆盖及止血包扎。

（3）医用胶带。在止血包扎时，医用胶带可用于固定无菌纱布。

（4）生理盐水、双氧水、碘伏。用于伤口清洗、消毒。

（5）一次性医用手套、镊子。一次性手套可以防止人体直接接触伤口，避免交叉感染；镊子用于拿取酒精棉球等医用品。

（6）口罩。处理伤口时应佩戴口罩，佩戴前应洗手。

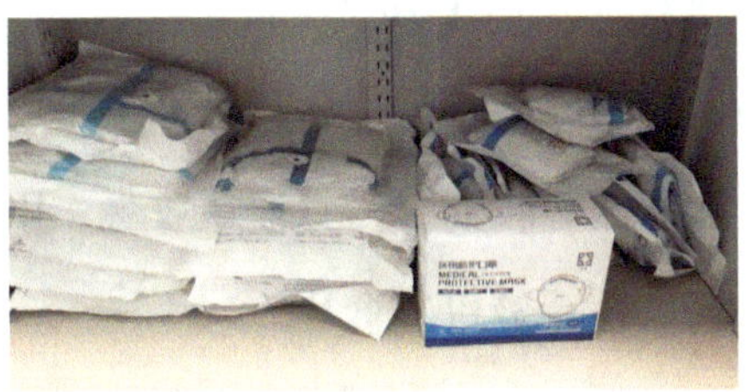

（7）消毒纸巾。用于清洁皮肤，杀菌消毒。

（8）体温计。水银体温计要注意妥善保存，防止摔碎；电子体温计要注意检查、更换电池。

（9）常用药品。使用药品前务必阅读药物说明书或咨询医生。常备急救药品每3～6个月应检查清理一次。

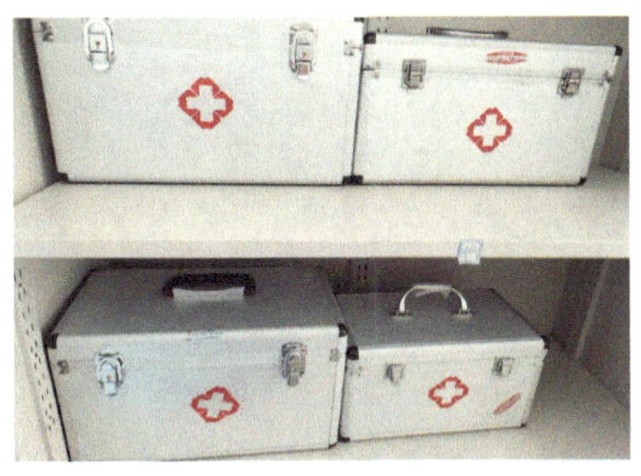

①抗过敏药：氯雷他定、苯海拉明等。

②感冒药：快克、康泰克、维C银翘片等。

③止咳化痰药：复方甘草合剂、咳必清等。

④烫伤药：美宝烫伤膏等。

⑤外用药物：云南白药喷雾剂等。

⑥急救药品：速效救心丸或硝酸甘油等。

⑦解热镇痛药：对乙酰氨基酚片、布洛芬缓释胶囊等。

⑧抗生素药：阿莫西林胶囊、诺氟沙星胶囊、甲硝唑等。

⑨助消化药：吗丁啉、健胃消食片等。

⑩止泻药：黄连素、思密达等。

⑪通便药：开塞露等。

⑫止吐药：胃复安片、乘晕宁等。

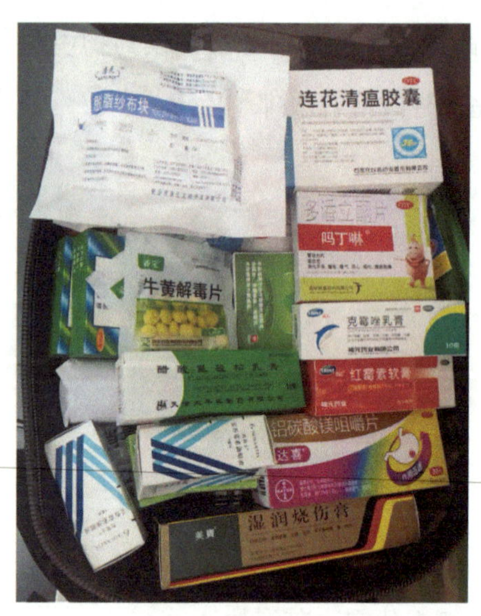

XIAOFANG JIUYUAN RENYUAN
JIJIU CHANGSHI

第二章

急症发作

消防救援人员在训练、生活和执行任务期间因身体不适而发生各种急症，应积极治疗，不可延误病情。平时应采取各种有效措施加强身体机能储备，提高身心素质和环境适应能力，以预防各种疾病的发生。

一、发　热

通常体温高于正常范围（>37.3℃）即发热。表现为体温升高、头痛畏寒、肌肉酸痛、面色苍白或潮红、全身乏力等。分为感染性发热和非感染性发热。感染性发热是因各种病原体（如细菌、病毒、支原体、衣原体、立克次体、真菌以及寄生虫等）侵入人体后引起的发热。非感染性发热多见于恶性肿瘤、风湿热、甲状腺功能亢进、颅脑损伤、自主神经功能紊乱、中暑及大面积烧伤等。

（一）急救措施

（1）适当卧床休息，补充易消化的食物、水和电解质，预防虚脱发生。

（2）对高热者积极进行物理降温，可用毛巾包裹冰袋冰敷头部、腋窝和腹股沟，也可用温水或低浓度乙醇擦拭四肢、背及颈等部位。

（3）体温过高、物理降温效果不明显并伴有其他症状时，应及时送医或拨打急救电话。

（二）注意事项

（1）对酒精过敏和一周内服用过头孢等类药物者，不能用酒精擦浴。

（2）养成良好的作息习惯，保证充足睡眠，避免过度劳累，科学安排训练，增强自身抵抗力。

（3）对于集体生活的消防救援人员应采取单独单间隔离观察。

（4）平时应戴好口罩，做好个人防护，经常开窗通风，保持室内空气清新。

二、头　痛

头痛通常是指局限于头颅上半部，包括眉弓、耳轮上缘和枕外隆突连线以上部位的疼痛，分为原发性头痛和继发性头痛。原发性头痛包括偏头痛、丛集性头痛、紧张性头痛等；继发性头痛是继发于头

（面）部器官疾患而发生的头痛，常见于脑外伤、颅内感染、脑肿瘤、脑出血、高血压、鼻窦炎、青光眼、牙痛、颈椎病、贫血、一氧化碳中毒等。

（一）急救措施

（1）出现头痛症状时应保持镇静，立即平卧或静坐休息，避免情绪紧张和摇晃头部。

（2）临时给予镇痛药（如布洛芬、对乙酰氨基酚等）或按压太阳穴、风池穴等穴位，可以帮助缓解头痛。

（3）疼痛剧烈、持续或反复发作，伴有恶心、呕吐者，应及时送医或拨打急救电话。

（二）注意事项

（1）养成良好的生活习惯，规律作息，保证充足睡眠，加强情绪调节，减轻心理负担可预防头痛发生。

（2）科学安排训练，做好个人防护，训练中听从指挥员口令，防止不必要的头部外伤发生。

（3）注意饮食清淡，限制浓茶、咖啡的摄入。

三、胸　痛

胸痛原因较多，特点各异。常见于下列原因：①疲劳训练后出现胸痛，胸骨后压榨样疼痛，可向左肩、左臂放射，通常为心绞痛。②胸痛伴有呼吸浅快，咳嗽，痰中带血，通常为肺部疾病。③胸痛伴有反酸、烧心，通常为胃食管反流、胃十二指肠溃疡等。④颈椎病、带状疱疹、肿瘤造成骨破坏或神经压迫，也可引起胸痛。

（一）急救措施

（1）帮助胸痛病员消除不安情绪，尽量卧床休息，采取患侧卧位，减少胸壁与肺部活动，可减轻疼痛。

（2）心绞痛引起胸痛时，应快速舌下含服硝酸甘油或速效救心丸。

（3）疼痛无缓解或加重时，要及时送医或拨打急救电话。

（二）注意事项

（1）训练中做到劳逸结合，注意防寒保暖。

（2）养成良好的生活习惯，定期体检，筛查危险因素。

（3）胸痛反复发作者，找出发病原因，积极治疗原发疾病。

四、晕 厥

晕厥是由于大脑供血不足引起的短暂性意识丧失，伴有头晕、恶心、面色苍白、抽搐等表现，具有突然发作、自行恢复、恢复后不留后遗症的特点。晕厥发作时常出现肌肉松弛、血压下降、脉搏细弱、呼吸微弱，数秒至数分钟后，意识逐渐恢复，醒后会有短暂的头晕和乏力。

（一）急救措施

（1）病员平卧，采取头低脚高位。有呕吐者采取侧卧位，防止呕吐物进入呼吸道引起窒息。

（2）松解衣领和腰带以畅通气道，保持空气流通，有条件时可吸氧。

（3）注意保暖，密切观察体温、脉搏、呼吸、血压等生命体征变化。

（4）可指掐病员人中穴等穴位，促使其苏醒。

（5）用纱布包裹筷子或木棍等硬物，从一侧口角插入上下牙之间，防止舌咬伤。

（6）持续晕厥或伴随其他症状时，应及时送医或拨打急救电话。

（二）注意事项

（1）晕厥发作时要禁食禁水，清醒后继续保持卧位，不能急于站起，避免再次晕厥。

（2）训练时避免长久站立，久蹲后不要骤然起立，疾跑后不能立即站立不动，以免因大脑供血不足而引起晕厥。

（3）避免在高温、高湿度或无风条件下进行长时间训练和比赛；长距离运动时要及时补充糖、盐和水分。

（4）坚持科学训练的原则，避免发生过度疲劳、过度紧张。平时加强体育锻炼，增强体质，提高健康水平。

五、腹　痛

腹痛原因较多，应依据疼痛部位、性质和伴随症状及时进行判断。

（1）腹痛伴呕吐、腹泻，可能是急性胃肠炎。

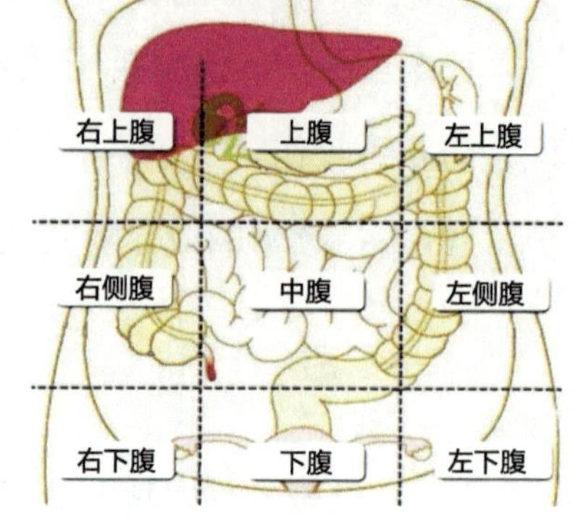

（2）右上腹阵发性绞痛，向右肩放射，多见于胆囊炎、胆石症。

（3）暴饮暴食后出现上腹正中持续性剧烈疼痛，伴呕吐，阵发性加重，并向后腰部放射，可能是急性胰腺炎。

（4）开始在脐周疼痛，数小时后转移到右下腹，伴恶心、呕吐，多为急性阑尾炎。

（5）侧腹或下腹阵发性绞痛，放射至腰背部和会阴部，伴有尿频、血尿者可能为输尿管结石。

（6）持续性腹痛，伴呕吐、腹胀、无便，可能为肠梗阻。

（7）饱餐或进食刺激性食物后突发剧烈腹痛，腹部肌肉硬如板状，可能为胃、十二指肠穿孔。

（一）急救措施

（1）缓解病员紧张情绪，采取屈髋屈膝进行仰卧可缓解腹痛症状。严密观察病员体温、脉搏、呼吸和血压等生命体征变化。

（2）腹痛发作时禁食禁水，伴有呕吐者头偏向一侧，以免呕吐物呛入气管引起窒息或肺炎。

（3）腹痛剧烈伴有面色苍白、大汗淋漓、呼吸急促、血压进行性下降时，应及时送医或拨打急救电话。

（二）注意事项

（1）腹痛原因未明时不能吃解痉镇痛药，以免掩盖病情、耽误治疗。

（2）患有慢性胃炎、胃溃疡的消防救援人员应积极进行规范治疗，并且要规律饮食、调节情绪、减轻精神压力。

（3）养成良好的饮食卫生习惯，不暴饮暴食，饭前、便后要洗手，不吃生冷、刺激性食物。

六、腹　泻

腹泻俗称“拉肚子”，表现为排便量和频次增加，粪便不成形，常伴有呕吐、腹痛等症状。分为急性腹泻和慢性腹泻。急性腹泻多发生于夏季。消防救援人员野外作业、训练时居住环境恶劣，饮食饮水卫生保障难度较大，易因饮食、饮水不洁导致腹泻，甚至脱水、电解质紊乱而使病情加重，如治疗不及时会转变成慢性腹泻。

（一）急救措施

（1）病员应卧床休息，以减少体能损耗，急性期要禁食，症状缓解后可进食少量容易消化的流质食物。

（2）冲服淡盐水或口服补液盐以补充水和电解质。

（3）腹泻持续不缓解或加重，频发呕吐、腹痛症状时，应及时就医。

（二）注意事项

（1）腹泻者不能自行滥用止泻药、抗生素等药物，以免加重或掩盖病情。

（2）出现腹泻症状时应及时报告，并按要求使用含氯消毒剂及时处理排泄物，防止在集体环境中发生相互传染。

（3）注意饮食卫生，不喝生水，不吃生冷变质食物。

（4）做好餐具和就餐环境的消毒。

七、呕血和咯血

消防救援人员在执行任务时，由于创伤、精神过度紧张或过度劳累，容易诱发应激性出血，出现呕血或咯血等症状。呕血是指食管、胃、十二指肠或全身疾病所引起的急性上消化道出血，血液经口腔呕出，呈暗红或咖啡色，多有食物混入。呕血病员大便可呈黑色。咯血是由于气管、支气管、肺组织出血，血液经口咯出，常与痰和唾液混在一起，血色鲜红，血中可见气泡。

（一）急救措施

（1）病员应尽快脱离火灾等救援现场或训练场所，做好保暖措施，帮助病员恢复血液循环，以防休克发生。

（2）及时清除口中的残留物，保持呼吸道畅通。

（3）立即采取侧卧位或者让病员处于前倾位，便于将血液呕出或咯出，以防止血凝块堵塞呼吸道引起窒息。

（4）呕血时可口服云南白药等止血药，或在上腹部放置冰袋冷敷进行止血治疗。

（5）及时送医或拨打急救电话。

（二）注意事项

（1）呕血和咯血都是经口腔排出，应加以鉴别。

（2）及时清除口腔中的血凝块，防止堵塞气道引发窒息。

（3）避免精神过度紧张和剧烈活动，以免加重出血。

（4）禁止进食任何食物，咯血时应避免自行使用强力镇咳剂，以免因镇咳导致出血不能及时排出体外而窒息。

八、昏 迷

昏迷是指各种原因导致的脑功能处于严重抑制状态的病理状态，是最严重的意识障碍。临床表现为不同程度的运动、语言障碍，生理反射异常和外界刺激反应减弱，有些会出现错觉、幻觉、语言混乱等，严重者意识完全丧失。消防救援人员因工作性质和特点，引起昏迷的原因常见于吸入大量浓烟等有毒气体、高空坠落致颅脑损伤、过度疲劳致低血糖、高温高湿导致中暑等，如不及时处理，可能会因大脑长时间缺血而造成功能损伤，进一步会造成心跳停止和呼吸停止，导致死亡。

（一）急救措施

（1）帮助伤员迅速脱离火场，避免继续吸入有毒气体。尽量减少搬动伤员，防止造成二次伤害。

（2）及时松解衣领及腰带，保持气道通畅。采取侧卧或头偏向一侧，并检查口腔内有无异物，防止异物吸入呼吸道导致窒息。

（3）密切观察伤员面色及呼吸变化，并注意伤员保暖和环境通风。

（4）掐按伤员的人中穴等穴位，进行疼痛刺激，促使其苏醒。

（5）及时送医或拨打急救电话。

（二）注意事项

（1）禁止给伤员喂食任何东西，以防堵塞呼吸道导致窒息。

（2）消防救援人员进行紧急救援或训练时应充分做好个人防护，以防意外伤害发生。

（3）加强卫生防病常识学习，提高防病意识，掌握规避和处置一般伤害的基本技能。

九、打　嗝

消防救援工作多具有事发突然、处置时间不确定等因素，消防救援人员往往不能按正常时间和进度就餐，多存在进餐过快，进食过冷、过热食品等问题，易引起膈肌痉挛，出现呃逆症状（俗称打嗝），此种情况多数短时间内可自行缓解。如出现顽固性打嗝并伴有其他不适症状时提示有器质性病变，应引起重视。

（一）打嗝的缓解方法

（1）打嗝时尽量分散自己的注意力，不必过分专注和紧张。

（2）喝一口稍热但不烫的温开水分多次咽下，或先深吸一口气憋住，再慢慢呼气，反复进行，可使打嗝症状缓解。

（二）注意事项

（1）顽固性打嗝伴有其他不适症状时应及时就医。

（2）平时应养成良好的就餐习惯，做到饭时少语，减少空气吞入，吃饭时避免过多过快，食物避免过冷过热。

XIAOFANG JIUYUAN RENYUAN
JIJIU CHANGSHI

第三章

内科急症

内科急症发作突然、病程急，很多急症病情严重，救治困难，所以如何预防和避免其发生是解决问题的关键。因此我们应该做好训练前的各项准备工作，做到科学训练、循序渐进、量力而行。要密切观察运动时出现的各种症状，尤其是对运动中和运动后出现的头痛、乏力、胸闷、气短、胸痛等症状要引起足够的重视。另外，消防救援人员自身还要了解与掌握必要的急救知识，便于有效应对各种急症。

一、休 克

休克是指机体在严重失血、失液、感染、创伤等强烈致病因子的作用下，有效循环血量急剧减少、组织血液灌注严重不足引起细胞缺血缺氧，导致重要脏器的功能、代谢障碍和结构损害的急性全身性的危重病理过程。主要表现为血压下降、心率增快、脉搏细弱、全身乏力、皮肤湿冷、面色苍白、尿量减少。严重者四肢冰冷、脉搏微弱、血压测不出、无尿，最终危及生命。消防救援人员在执行任务时常会由于急性创伤、大量出汗、过量失血、重度烧伤、剧烈疼痛、严重过敏等因素而出现休克。

（一）急救措施

（1）休克可能由多种原因引起，需要尽快寻找和积极去除病因，如有严重的创伤，应立即进行止血、包扎、固定等处理。

（2）使伤病员保持下肢抬高15°～20°、头胸部抬高20°～30°的中凹卧位。

（3）应注意保暖，保持呼吸道通畅。有条件的要立即给伤病员吸氧。对清醒的伤病员，应给予少量含盐饮料。

（4）及时送医或拨打急救电话。

（二）注意事项

（1）积极去除诱因是预防休克发生的首要环节。

（2）积极做好现场处置，如及时进行止血、包扎、固定等。失血、失液较多者，应酌情进行补液。对开放性损伤者，要保护好其创伤部位，积极预防感染的发生。

（3）有明确严重过敏史的，应避免接触相应的过敏原，如花粉、药物、海鲜等。

二、心搏骤停

心搏骤停是心脏射血功能突然终止，大动脉搏动和心音消失，重要脏器严重缺血缺氧，导致生命终止。在长期剧烈运动时容易发生，尤其是患有心血管疾病者一定要引起高度重视。主要表现为心音消失、脉搏微弱、血压测不出、意识丧失伴有短暂抽搐、呼吸断续、昏迷、瞳孔散大等。

（一）急救措施

（1）对心搏骤停病员的抢救必须争分夺秒，应立即进行心肺复苏。如有条件，要立即进行心脏电除颤。

（2）迅速掏出病员口腔内异物，保持呼吸道通畅，防止异物吸入呼吸道发生窒息。

（3）头敷冰袋进行头部降温。

（4）及时送医或拨打急救电话。

（二）注意事项

（1）消防救援人员在执行任务前应做好充分的心理准备，对即将到来的危险和意外情况要有足够的预判，以避免精神高度紧张。

（2）消防救援人员在执行抢险救援任务时，尽量避免长时间超负荷作业，减少心搏骤停的发生概率。

（3）平时应戒烟限酒、平衡膳食、适当运动、控制体重，保持良好的生活习惯。

三、冠心病急性发作

冠心病是目前发病率非常高的一类慢性心血管疾病，冠心病急性发作常见于以下情况：体力劳动；情绪激动，如发怒、过度兴奋、焦虑等；饱餐后或在寒冷气候下急促行走；提取重物；用力排便；吸烟等。冠心病最突出的表现是心绞痛，如不及时救治，可演变成心肌梗死，最终会导致心脏骤停。

（一）急救措施

（1）发作时病员应立即停止活动，保持镇定和安静，不要惊慌，就地休息。急救时应让病员处于舒适体位，尽量减少搬动。

（2）病员立即舌下含服硝酸甘油（1片，0. 5毫克），若效果不明显，可间隔5分钟服用一片，但不超过3片（1.5毫克）。

（3）解开病员衣领，保持气道通畅，注意保暖，保持室内空气新鲜和流通，有条件时可给予吸氧。

（4）如病员丧失意识，心跳、呼吸停止，应立即对其实施心肺复苏术。

（5）严密监护病情变化，及时拨打急救电话。

（二）注意事项

（1）急救时不能随意搬动病员，防止因搬动加重心脏负担。给病员舌下含服硝酸甘油不要超过3片（1.5毫克），若症状没有缓解，立即拨打急救电话。对本身血压较低或硝酸甘油过敏者，可舌下含服速效救心丸。

（2）有冠心病病史者，要积极进行常规药物治疗，禁烟禁酒，避免熬夜和剧烈运动，保持心情愉快。

（3）重视不明原因的牙痛、上腹痛等，警惕冠心病不典型的发病表现。

（4）养成良好的生活、饮食、运动习惯，避免肥胖、高盐饮食和过度疲劳等诱发因素。

四、中　风

中风又称为脑卒中或脑血管意外，分为两类：脑梗死（缺血性中风）和脑出血（出血性中风）。不管是梗死还是出血，都会导致脑细胞死亡。中风具有明显的季节性，寒冷季节发病率更高。主要症状为突然意识不清，嘴角偏向一侧，出现单侧身体无力或麻木，偏瘫、失语、恶心、呕吐等。中风危害广泛而复杂，具有发病率高、死亡率高、致残率高、复发率高、并发症多的“四高一多”特点。

（一）急救措施

脑梗死病员的黄金抢救时间在6小时内，脑出血是脑部血管破裂所致，一旦发病，抢救必须争分夺秒。抢救的同时要做到：

（1）注意保持呼吸道通畅，对昏迷的病员，采取稳定侧卧体位，禁止给病员喂食和喝水，防止呛咳、窒息。

（2）采取低温疗法，积极用冰袋或冷毛巾在额头进行头部降温。

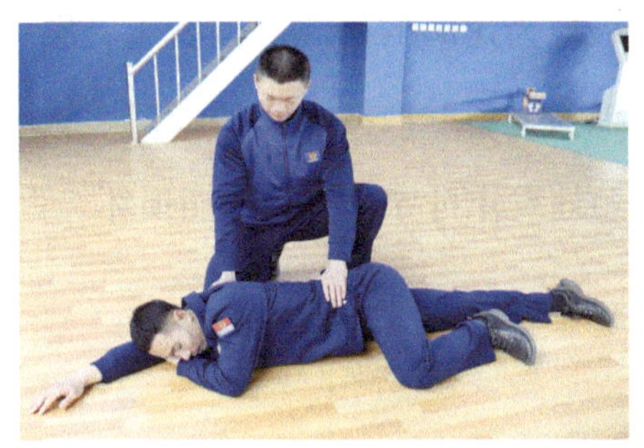

（3）应及时送医或拨打急救电话。自行转运病员时，途中应避免颠簸而加重脑出血。

（二）注意事项

（1）养成良好的生活方式，要合理膳食、适当运动。

（2）定期进行健康体检，及时发现不利心脑血管健康的危险因素。

（3）保护心脑血管，预防脑卒中发生。患有高血压、高脂血症、冠心病、糖尿病等慢性病者，应进行积极有效治疗，减少脑卒中的发生概率。

五、癫痫发作

癫痫俗称羊角风、羊癫风，是由大脑神经元异常放电引起，导致短暂的大脑功能障碍的一种慢性疾病。癫痫常与遗传、头外伤、脑部肿瘤、中枢神经系统感染、脑血管疾病有关。癫痫发作程度轻者可仅表现为短时的呆滞，程度重者则可表现为突然尖叫、神志丧失、全身抽搐、口吐白沫、小便失禁、昏睡醒来后对发作过程毫无记忆。癫痫急性发作可导致大脑功能损坏、舌咬伤、撞伤和窒息。

（一）急救措施

（1）迅速松开病员衣领和腰带，以保持气道畅通。将病员头转向一侧，以利于分泌物及呕吐物从口腔排出，防止呛咳或窒息。

（2）搬运病员时，防止病员从担架上摔下或撞到周围硬物，避免磕碰伤。

（3）在发作前或发作间隙，用纱布包裹筷子或木棍等硬物，从病员一侧口角插入上下牙之间，防止舌咬伤。

（4）病员癫痫持续发作或频繁发作时，应及时送医或拨打急救电话。

（二）注意事项

（1）抽搐发作时不要强压病员四肢，以免发生肌肉拉伤、骨折和脱臼，增加病员痛苦。

（2）积极进行病因预防，对已明确癫痫诱因的病员，应注意避免这些诱因发生。

（3）具有癫痫病史的消防救援人员，应避免从事高空救援作业、驾驶车辆及操作大型装备等。

六、晕动病

晕动病也称运动病，俗称晕车、晕船。经振动、摇晃等刺激，人体内耳前庭器官不能很好地适应和调节机体的平衡，就会导致晕动病的发生。常表现为头晕、头痛、恶心、呕吐、面色苍白、出冷汗等，休息片刻即可逐渐减轻或恢复。消防救援人员平时应加强抗晕训练，提高自身抗晕能力，了解掌握相关预防常识，能更好地防止晕动病的发生。

晕动病的预防措施如下：

（1）晕车人员可在乘车前30分钟服用抗晕车药，以防晕动病发生。

（2）乘车前不宜过饥、过劳或进食过饱，乘车前夜应保障充足睡眠。

（3）防止过度晃动，诱发晕车。晕车的消防救援人员可坐副驾驶位或靠前座位，限制头部活动、减轻头部振动。

（4）开窗通风，闭目休息，避免因眼睛视物引起头晕加重。

（5）晕车发生时用拇指用力按压虎口正中的合谷穴，可缓解晕车症状。

（6）加强抗晕锻炼，多做转头、弯腰转身及下蹲等动作，提高前庭器官耐受性，可减轻晕车反应。

七、呼吸困难

呼吸困难是呼吸功能不全的重要症状，病员主观上有呼吸不足和费力的感觉；客观上表现为呼吸频率、深度和节律的改变。呼吸困难是一种常见的临床表现，可由肺活量降低、呼吸中枢受损、肺换气功能障碍等引起，与多个系统疾病相关。根据呼吸困难的病程，可分为急性呼吸困难和慢性呼吸困难。

（一）急救措施

（1）安抚病员，保持镇静，让其做深而慢的呼吸。保持室内空气流通和适宜的温湿度，有条件时可给予吸氧。

（2）保持呼吸道通畅，及时清理病员口腔内异物，采取半靠卧位或坐位休息。对既往有呼吸困难发作史者，可立即给予随身携带的急救药物。

（3）如症状无好转或加重，特别是病员出现胸痛或全身大汗时，应及时送医或拨打急救电话。

（二）注意事项

（1）呼吸困难发作时不能背抱病员，以免其呼吸困难加重。

（2）避免吸入刺激性气体，有哮喘病史者避免接触花粉、尘螨等过敏原。

（3）做到作息规律、心情愉悦，适当锻炼、增强体质。

（4）剧烈运动后出现的呼吸困难，应考虑气胸发生的可能，此时应加以鉴别，明确诊断。

八、自发性气胸

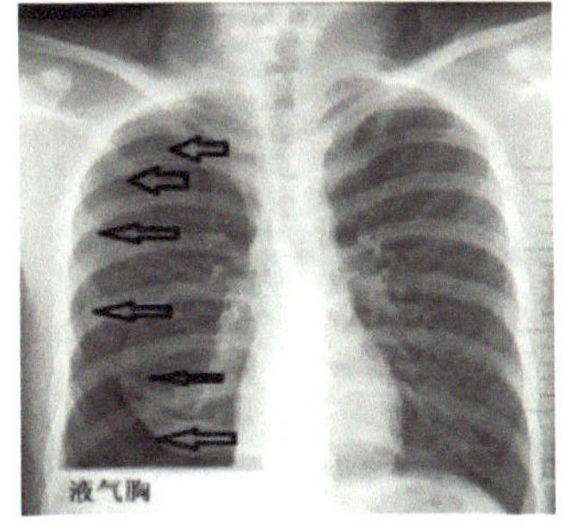

在无创伤或人为因素的情况下，肺组织及脏层胸膜自发性破裂，空气进入胸膜腔，称为自发性气胸。多见于20～40岁瘦

高体型青壮年男性。大多起病急骤，病员突感一侧针刺样或刀割样胸痛，伴有胸闷、呼吸困难、刺激性咳嗽。积气大者不能平卧，严重者出现烦躁不安、发绀、冷汗、心律失常、意识不清、休克、昏迷。

（一）急救措施

（1）安抚患病消防救援人员情绪，避免紧张焦虑和烦躁不安。让病员采取半卧位，不能过多移动病员，有条件者可进行吸氧。

（2）如出现严重的呼吸困难，应迅速用粗针头等器械在锁骨中线第二肋间上缘进行胸腔穿刺排气。

（3）及时送医或拨打急救电话。

（二）注意事项

（1）避免剧烈咳嗽、屏气和过度用力，平时要保持大便通畅。

（2）提倡戒烟。吸烟可诱发或加重气胸。

（3）气胸痊愈后一月内，避免剧烈运动和抬提重物。

九、支气管哮喘

哮喘是一种慢性的气道炎症性疾病，多与接触变应原（如尘螨、动物皮毛、花粉等）、冷空气、物理或化学性刺激有关，其发作多呈季节性。病员表现为喘息、气急、胸闷或咳嗽，上述症状可自行缓解或经平喘药治疗缓解。发作严重者可出现呼气性呼吸困难、意识障碍、口唇发绀、面色苍白或发紫、心率增快等症状。

（一）急救措施

（1）询问病员有无哮喘发作史，由过敏原因引起的应立即脱离过敏原。

（2）哮喘发作时安慰病员克服紧张焦虑情绪。松解衣领，采取半卧位，以减缓呼吸困难的症状。有条件者立即吸氧。

（3）立即使用自备的治疗哮喘的药物，如沙丁胺醇喷雾剂等。

（4）如无好转或加重，及时送医或拨打急救电话。

（二）注意事项

（1）一旦确诊为哮喘，应按医嘱长期规范化治疗，学会正确使用吸入装置。

（2）做好自身护理，避免接触过敏原（如尘螨、动物皮毛、花粉等）和进食过敏食物，防止空气污染（如烟草、家用喷雾剂等）。

（3）适当加强体育锻炼，增强身体素质，避免因剧烈运动而引发哮喘。

十、低血糖

低血糖多因饥饿、体能消耗过大等引起，表现为饥饿感、乏力、手抖、出汗、面色苍白、头晕、心慌、胸闷等，严重者可昏迷。消防救援人员在参加抢险救援任务或者在剧烈运动和高强度训练后，由于强度大，身体能量消耗多，易造成低血糖。此时应及时补充糖、盐和水分，防止低血糖症状发生。

（一）急救措施

（1）让病员保持安静，平卧休息，并注意保暖，松解衣领，改善呼吸。

（2）意识清醒者，尽快进食糖水、果汁、蛋糕等含糖丰富的食物以补充糖分。

（3）如果病员低血糖症状持续存在或加重，应及时送医或拨打急救电话。

（二）注意事项

（1）对因低血糖昏迷者，禁止强行喂食水，防止呛入呼吸道导致窒息。

（2）养成健康饮食习惯，一日三餐要规律，避免在空腹情况下进行剧烈运动。

（3）坚持科学训练，避免过度疲劳和紧张。平时要加强体育锻炼，增强体质，提高健康水平。

十一、食物中毒

主要是由于食用被细菌、毒素或有毒物质污染的食物所致。表现为头痛、恶心、呕吐、腹痛、腹泻、肌肉瘫痪等，严重者伴有发热、休克、昏迷等症状。消防救援人员在野外灭火及驻训时，若不慎进食有毒的野果、蘑菇可引发食物中毒。一些具有特殊过敏体质的人吃了含其过敏原的食物后也可能出现食物中毒症状。

（一）急救措施

（1）食物中毒的时间不长且无明显呕吐者，可用刺激舌根部的方法对其进行催吐。催吐的同时要注意补充水分，防止身体出现脱水。

（2）病员应卧床休息。例如，呕吐剧烈，要注意使病员侧卧或头偏向一侧，以免呕吐物呛入呼吸道引起窒息。

（3）可采取简易的解毒措施。例如，若食用变质海鲜引起食物中毒，可食用少量加水稀释的食醋；若误食防腐剂等腐蚀性物质，可饮用牛奶、蛋清等含蛋白质的饮料。

（4）进行紧急处置后，应及时送医或拨打急救电话。

（二）注意事项

（1）应避免采食难以辨认的野果、蘑菇等，不吃腐败、变质的食物。

（2）对口服腐蚀性毒物者、神志不清者、肌肉抽搐痉挛或呼吸抑制者不能进行催吐。

（3）食物中毒后，要保留食物样本或呕吐物，以便医生诊断和治疗，以及疾控部门对中毒原因的调查取证。

十二、药物中毒

药物中毒是指在短时间内接触过量药物或长期接触导致药物蓄积产生毒性反应，中毒药物以镇静催眠药为主。常见的药物中毒的原因是人员不遵医嘱，进行超剂量服药。药物中毒后可出现口唇和全身麻木、眩晕、乏力、视力模糊、烦躁不安、抽搐、昏迷等神经系统中毒症状。出现恶心、呕吐、腹痛、腹泻、胃出血等消化系统中毒症状。也可出现心慌气短、面色苍白、四肢寒冷、血压波动等循环系统中毒症状。

（一）急救措施

（1）若意识清醒，可让病员大量喝清水催吐洗胃，饮水和引吐要反复进行。

（2）药物中毒后，病员病情随时都有可能加重，需尽快送医和立即拨打急救电话。去医院时应带上可疑的药瓶、药袋或剩余的药物。

（二）注意事项

（1）遵医嘱或按说明书服药，不要擅自增加药物剂量，服用药物前须看清说明书和保质期，确认无误时再服用。

（2）出现身体不适时，应及时就医，避免自行服用网购药物。

（3）对常备急救药品要定期查看保质期并及时更换。

十三、一氧化碳中毒

一氧化碳中毒俗称煤气中毒，是指吸入的一氧化碳与血红蛋白结合，使血红蛋白携氧能力丧失，从而引起机体不同程度缺氧，造成以中枢神经系统功能损害为主的多脏器病变，严重者危及生命。表现为头晕、乏力、恶心、呕吐、面部皮肤呈樱桃红色、神志模糊、意识障碍、呼吸困难甚至死亡。

（一）急救措施

（1）发现病员一氧化碳中毒后，立即打开门窗，把病员移到空气流通处，解开衣扣和皮带，清除口鼻内分泌物，将病员侧卧，保持气道通畅，防止分泌物吸入气道引起窒息。

（2）对昏迷以及抽搐者，进行头部冰敷，以减轻脑水肿。有条件时给予高浓度吸氧。

（3）注意保暖，防止受凉导致肺部感染，密切观察病员意识、呼吸和脉搏等情况，出现呼吸、心跳停止时应及时进行心肺复苏，并拨打急救电话。

（二）注意事项

（1）消防救援人员要对应急救援现场环境的危险性做好评估。

（2）消防救援人员进入一氧化碳高浓度环境救援时，要戴好防护装具，做好个人防护。

（3）驾驶车辆进行长途行驶中要定期开窗通风，保持车内空气新鲜，不要过久开放空调。避免在发动的车内关窗睡觉。

XIAOFANG JIUYUAN RENYUAN
JIJIU CHANGSHI

第四章

外科急症

一、骨　折

遭受暴力，导致伤处肿胀疼痛、功能障碍、畸形、活动异常，就可判断是骨折了。消防救援人员在应急救援和日常训练中所发生的骨折，多为暴力作用引起的外伤性骨折。如骨折后救治不当，骨折断端损伤周围的血管、神经，会造成严重后果。

（一）急救措施

（1）限制活动

立即让骨折伤员原地休息、停止运动。

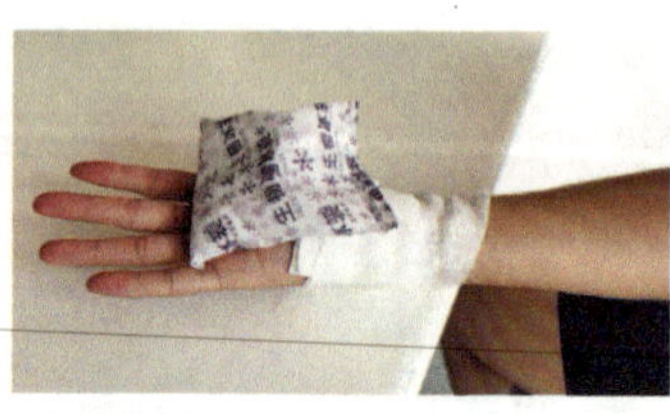

（2）冷敷止血

用冰袋或冷毛巾对骨折处进行冷敷，可起到镇痛和减轻出血肿胀的作用。

（3）制动固定

对骨折肢体进行固定，尽快送医或拨打急救电话。

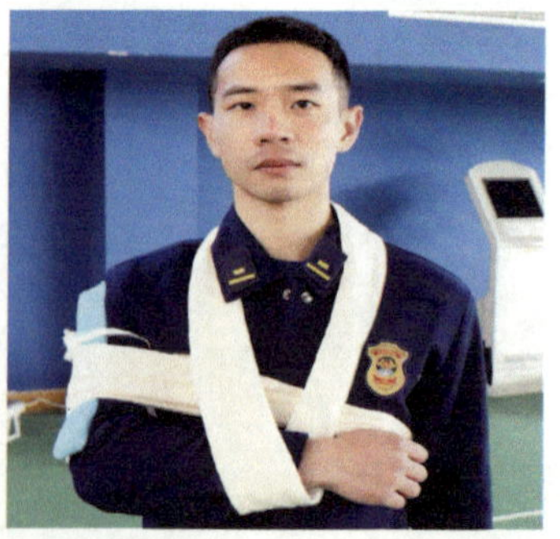

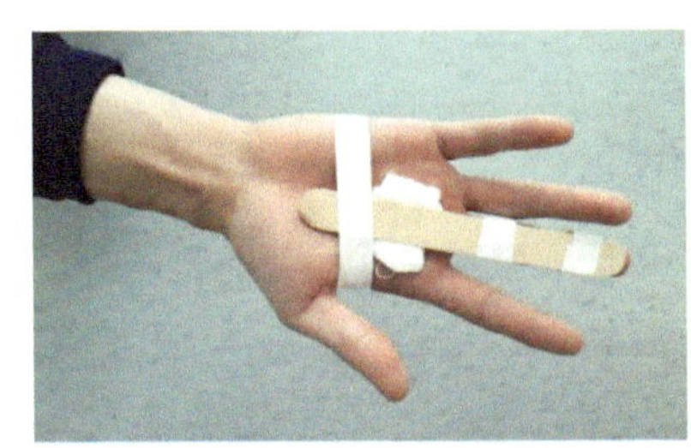

①手臂骨折：用两块夹板固定或用厚书本平托骨折的手臂，悬吊胸前并及时就医。

②手指骨折：用两片小夹板固定骨折的手指，及时就医。

③小腿骨折：伤员平卧，用两根夹板固定或将患肢固定在另一侧正常小腿上，在他人帮助下及时就医。

④大腿骨折：伤员平卧，用两根夹板固定，在他人帮助下及时就医。

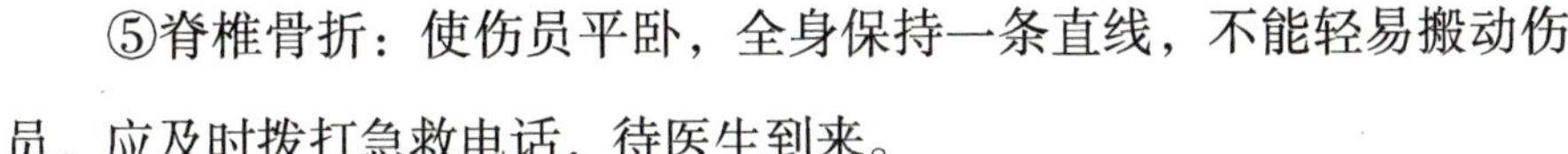

⑤脊椎骨折：使伤员平卧，全身保持一条直线，不能轻易搬动伤员，应及时拨打急救电话，待医生到来。

（二）注意事项

（1）制动骨折肢体，夹板固定的范围应包括骨折端上下两个关节，并且松紧要适宜。

（2）对昏迷伤员，应该保持呼吸道畅通，清除口咽内异物。对急性大出血者，要同时进行止血包扎。

（3）脊柱及下肢骨折，须用担架进行转运，转运时不要随意搬动患处，避免造成二次损伤。

二、关节脱位

关节脱位又名脱臼，是由于运动幅度过大或突然受到暴力，造成关节对合关系发生异常。关节脱位常并发关节周围韧带损伤。表现为受伤关节疼痛、畸形、功能丧失。

（一）急救措施

（1）限制活动

立即让伤员原地休息、停止运动。

（2）冷敷止血

用冰袋或冷毛巾对脱位处进行冷敷，可起到镇痛和减轻出血肿胀的作用。

（3）制动固定

对关节脱位肢体进行固定，及时就医。

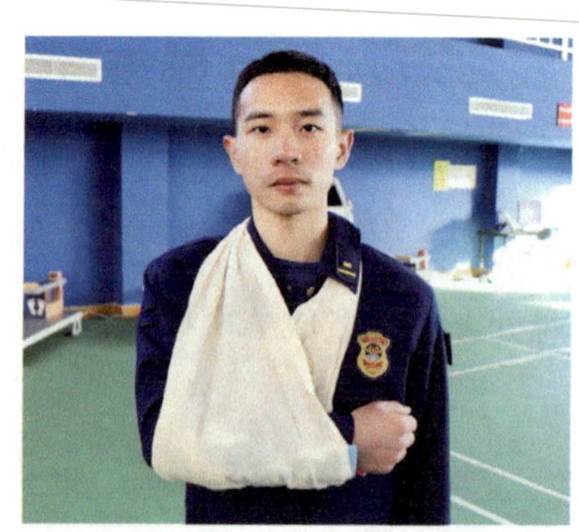

①肩关节脱位、肘关节脱位、腕关节脱位：用三角巾水平悬吊前臂，保持脱位关节不受力，及时就医。

②踝关节脱位、膝关节脱位、

髋关节脱位：平卧，患肢制动，在他人帮助下及时就医或拨打急救电话。

（二）注意事项

（1）关节复位的技术要求较高，禁止私自复位患肢。

（2）患肢不能活动时，应原位固定，不能过分强调悬吊角度。

（3）关节脱位时，可能会伴随韧带损伤或轻微的骨折。盲目进行复位，会造成更严重的二次损伤，须由专科医生进行复位。

三、踝关节扭伤

消防救援人员在应急救援、日常训练和体育锻炼时容易出现踝关节扭伤。表现为扭伤部位疼痛、肿胀、压痛、活动受限等，常合并踝关节的韧带损伤或撕脱性骨折。

（一）急救措施

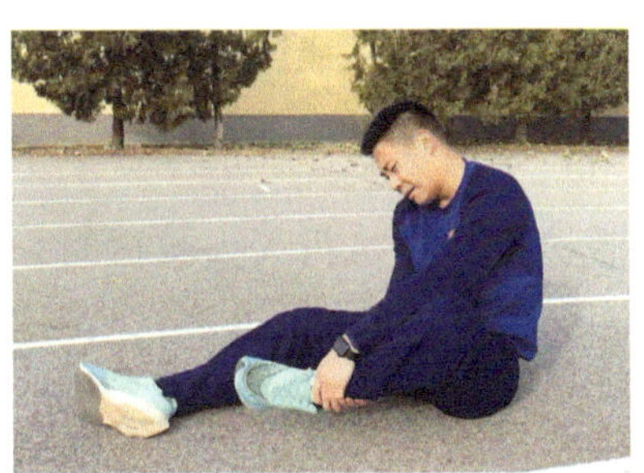

（1）限制活动，踝关节扭伤后应立即原地休息，减少扭伤部位的活动和负重。

（2）抬高患肢，促进静脉回

流，减少受伤部位的出血和肿胀。

（3）扭伤初期，及时用冰袋或冷毛巾对受伤部位进行冷敷，防止出血加重。对受伤部位进行包扎固定后及时就医。

（二）注意事项

（1）训练前应进行充分热身，增强关节的柔韧性。

（2）踝关节扭伤后，早期不能进行热敷、揉搓。因为扭伤后会伴有不同程度的小血管损伤，此时对受伤部位进行热敷、揉搓，会加重出血和肿痛。热敷、揉搓应在局部出血停止后（扭伤后48小时）进行，促进扭伤部位瘀血消散。

四、肌肉痉挛

肌肉痉挛是一种突发的、剧烈的肌肉疼痛，表现为肌肉痉挛、僵硬、疼痛剧烈，涉及关节时，会出现肢体功能障碍。消防救援人员在执行灭火救援时，如果在高温环境中大量出汗后体内电解质缺乏，或进行长时间剧烈运动，体力负荷超过了机体的潜力，

以及肢体受低温刺激等，均易引发肌肉痉挛。

（一）急救措施

（1）立即停止运动，原地休息。

（2）注意肢体保暖，并进行肌肉反向拉伸、局部热敷和按摩。

（3）大量出汗后，应及时补充水和电解质。

（二）注意事项

（1）避免长时间剧烈运动。天气寒冷时，运动后要注意保暖。肌肉痉挛后不能进行局部冷敷。

（2）做好运动前的热身和运动后的拉伸活动。运动前、中、后，应补充足够的水和电解质。

（3）日常饮食应注意补钙，多吃奶制品、豆制品，多做户外运动，多晒太阳。

五、落　枕

落枕的发生主要与枕头的高度、睡眠姿势及睡眠时受凉有关。

枕头高度和软硬度不合适、睡眠姿势不当会使颈部处于过伸、过屈状态，引起颈部肌肉拉伤或痉挛。消防救援人员野外作业，居住条件受限，睡眠时易受风寒，使颈部气血运行不畅，也可发生落枕。醒后出现颈肩部疼痛僵硬，颈部活动受限或转动时疼痛加重等症状，影响日常训练和生活。

（一）急救措施

（1）消除紧张情绪，避免因肌肉痉挛疼痛而焦虑不安。

（2）缓慢活动颈部，放松痉挛收缩的肌肉，促进自体恢复。

（3）进行局部热敷或揉搓，促进血液循环，有利于损伤修复。

（二）注意事项

（1）应注意肩背部保暖，避免受凉而引发落枕。

（2）枕头高度适中，纠正不良的睡姿。

（3）注意把握工作节奏，避免长时间伏案工作。工作间隙应适当活动颈部，保持颈部肌肉和韧带的良好弹性。

（4）对反复发生的、病程持续时间相对较长的落枕，应及时就医。

六、皮肤擦伤

皮肤擦伤一般是指皮肤受到粗糙物体摩擦造成的破损，最常见于手掌根部、肘、膝等身体突出部位，是消防救援人员在进行战术训练和执行消防救援任务中较常见的外伤。

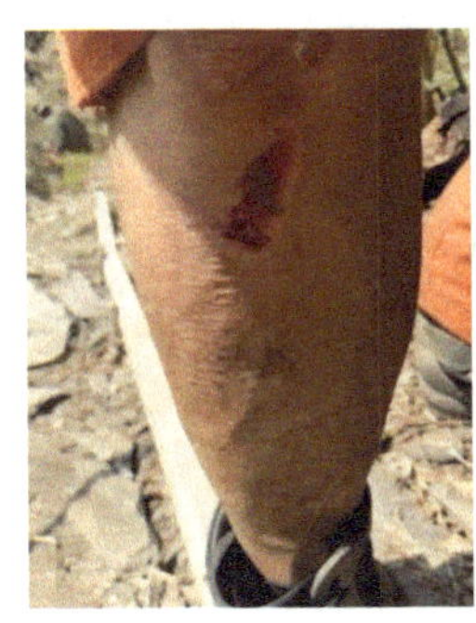

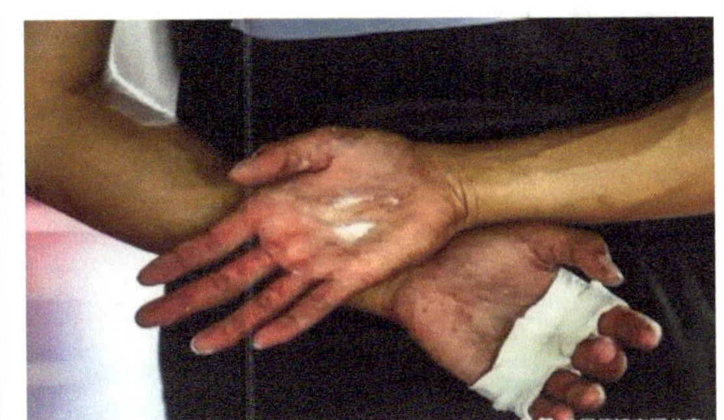

（一）急救措施

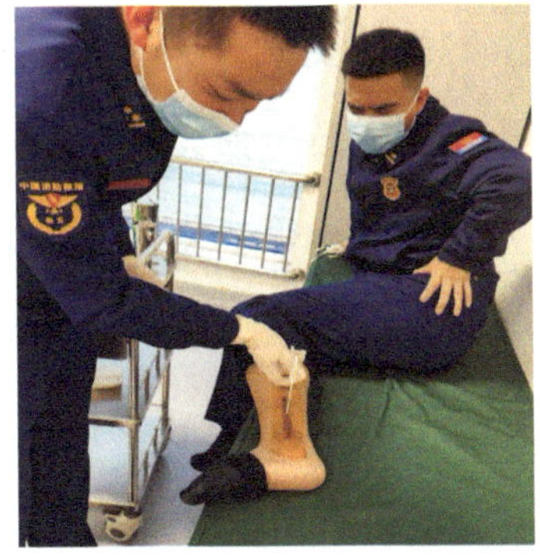

（1）局部清创。最好用生理盐水局部冲洗，若身边没有生理盐水，可用淡盐水（取1 000毫升凉开水，加入9克食盐，制成浓度约0. 9%的淡盐水），必要时也可用大量自来水冲洗，边冲边用干净棉球擦拭，尽量清除受伤部位沾染的

异物，防止伤口感染。

（2）局部消毒包扎。应用碘伏消毒液对擦伤部位进行消毒，用无菌纱布或清洁布块包扎。

（3）皮肤擦伤严重，范围较大，局部沾染异物较多时应及时就医。

（二）注意事项

（1）自行清创消毒时，尽量清除擦伤部位沾染的异物。

（2）禁用碘酒、酒精等刺激性较强的消毒液进行消毒，以减轻疼痛。

（3）为了便于后续清创，不要在擦伤部位涂抹其他药粉。

七、创伤性内出血

机体受到外力撞击或挤压时可能导致内出血，大量出血会引起休克而危及生命，消防救援时多见于高处坠落、车祸挤压、地震后塌方物体挤压等。创伤后皮肤表面可无明显伤痕，但受伤部位有肿胀疼痛、瘀血青紫，触摸时疼痛剧烈。严重创伤后的内出血，伤员有皮肤苍白、四肢潮冷、表情淡漠、呼吸变浅、烦躁不安、口渴等休克表现，严重者会危及生命。

（一）急救措施

（1）伤员应立即停止活动。将其转移至安全地点静躺休息。

（2）使伤员保持下肢抬高15°～20°、头胸部抬高20°～30°的中凹卧位。

（3）保持呼吸道通畅，密切监测血压、脉搏、呼吸及面色改变，以观察失血进展程度，并及时送医或拨打急救电话。

（二）注意事项

（1）创伤后要警惕严重内出血情况发生，对出现皮肤苍白、四肢潮冷、表情淡漠、呼吸变浅、烦躁不安、口渴等体征的伤员应及时送医。

（2）如果伤员昏迷，呼吸、心跳骤停，应立即进行心肺复苏术。

八、四肢出血

肢体皮肤破损和血管破裂是引起四肢出血的主要原因，常见于擦伤、切割伤、撕裂伤及骨折等，是消防救援人员抢险救援和日常训练常见的损伤。

（一）急救措施

（1）压迫止血

直接用干净纱布或柔软布料对出血部位进行直接压迫。如果直接压迫止血效果不明显，可对出血部位近心端的血管进行压迫止血。

①手指出血：用拇指压迫指根双侧的指动脉。

②手掌出血：用拇指压迫位于手腕上方两侧动脉搏动点处的尺动脉和桡动脉。

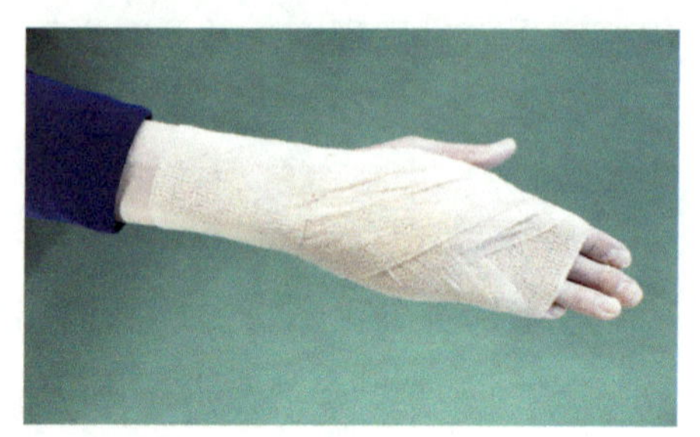

③前臂出血：用拇指压迫位于上臂内侧靠近腋窝处两块肌肉间动脉搏动点处的肱动脉。

④腿部出血：用手掌根部压迫位于大腿根部中间动脉搏动点处的股动脉。

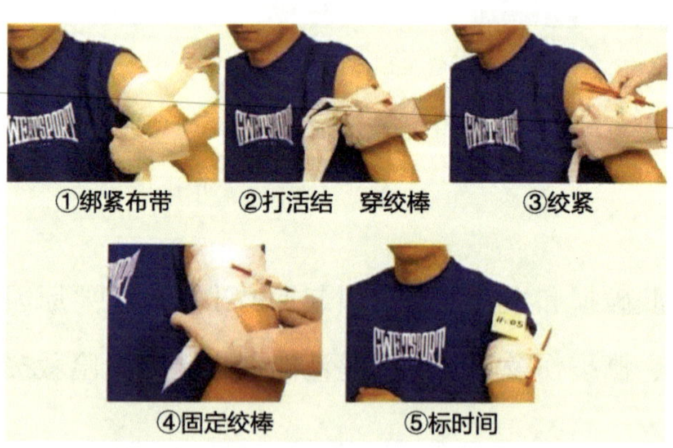

（2）加压包扎

用干净纱布压于出血部位，再用纱布绷带进行加压包扎。

（3）止血带止血

如果上述止血方法无效，需要在上臂或大腿中上部位用止血带止血，注意每30～60分钟放松3～5分钟，放松期间应进行直接压迫止血。

（4）出血较严重时

出血较严重时，应及时送医或拨打急救电话。

（二）注意事项

（1）压迫止血的位置应靠近出血血管的近心端。

（2）注意止血带的选择时机，只在大出血时才使用。

九、异物扎伤

在抢险救援和日常训练中，若不慎被木刺、铁钉、玻璃等锐利物扎伤，由于扎伤的伤口小，伤道深而窄，如果不及时处理容易造成深部组织感染，甚至引起破伤风，情况严重时会危及生命。

（一）急救措施

（1）检查伤口中有无异物，如有较小异物刺入，可顺着刺入方向将其拔除。

（2）可用双氧水和生理盐水反复交替冲洗，彻底清除伤口的内异物。

（3）尽快就医，进行更严格的清创消毒，并注射破伤风抗毒素。

（二）注意事项

（1）较大异物刺入时严禁擅自拔出。擅自拔出会造成难以控制的大出血或血管、神经损伤，应由专业医务人员进行手术拔出。

（2）深而窄的伤口要用干净纱布覆盖，不能包扎，因为包扎后会造成伤口部位缺氧，有利于破伤风杆菌的繁殖。

（3）注意休息，避免伤肢过度负重。

十、手指离断伤

车祸、刀割伤、电锯伤、撕脱伤、爆炸伤等可导致手指部分或完全离断，手指离断后合并有血管、神经、肌腱损伤且断端挫伤严重，通过及时有效的救治和护理，可以接活肢体、恢复功能、降低伤残程度。

（一）急救措施

（1）立即对残端进行加压包扎止血。

（2）找到断指并妥善保存，用干净纱布包裹断指，放入密封的塑料袋或小瓶子内，用冰袋冷藏。

（3）尽快将伤员连同保存好的断指一并送到医院进行急救。

（二）注意事项

（1）一定要仔细搜寻断指，不能遗漏在受伤现场。

（2）断指保存时，不能直接与冰块接触，以防冻伤，也不能用任何溶液浸泡。

（3）严密观察伤员生命体征，及时送医并尽早进行断指再植手术。

十一、挤压综合征

挤压综合征是由于人体的四肢、躯干等肌肉组织丰厚的部位遭受重物长时间挤压后，肌肉组织发生变性坏死，大量的肌红蛋白、钾离子释放进入血液，导致以急性肾功能损害为特点的临床综合征，多见于地震、工程塌方、滑坡落石砸压等灾害事故现场受压病员。

（一）急救措施

（1）清除病员口鼻内的异物，保持呼吸道通畅，防止窒息。

（2）应尽早搬离病员身上的挤压物，以减少挤压综合征的发生。

（3）减少病员活动，对伤肢进行制动，并将伤肢暴露在凉爽处，或用凉水对伤肢进行降温，减少伤肢组织的代谢和对毒性物质的吸收。

（4）对伴有开放病员，应及时止血。有骨折者，应给予临时固定。

（5）经上述现场处置后，应及时送医或拨打急救电话。

（二）注意事项

（1）绝对不能抬高患肢，以免减低局部血压，影响血液循环。更不能对患处进行按摩、热敷和活动，因为这样会加快毒物的吸收，并严重损伤肾功能。

（2）如果有患肢缺血、坏死，需要尽早进行手术截肢治疗。

XIAOFANG JIUYUAN RENYUAN
JIJIU CHANGSHI

第五章

五官科急症

一、鼻腔鼻窦异物

鼻腔异物通常为较小的异物不慎进入鼻腔，多为单侧，常见于森林巡防及野外宿营时，昆虫爬入鼻腔内形成鼻腔异物。或在消防救援时遇到工矿爆破、器物失控飞出、枪弹误伤等使石块、木块、金属片、弹丸经面部进入鼻窦、眼眶及翼腭窝等处，形成鼻窦异物。

（一）急救措施

（1）嘱病员低头，用手按住健侧鼻孔，用嘴吸气后用力经鼻孔出气，可将异物排出。

（2）嘱病员用干净、细长棉絮放入健侧鼻孔轻轻转动，诱发喷嚏，促使异物排出。

（3）圆形或光滑的鼻腔异物，可将曲别针掰开，用适合的一端探入异物后侧，向前拉动带出异物，动作要准确轻柔。

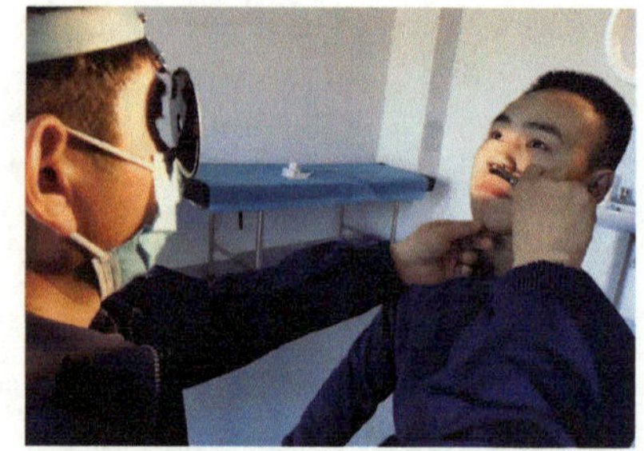

（4）进入鼻腔内的异物是小飞虫或其他活物时，可用手电筒照射患侧鼻孔，利用趋光性诱使其自行

爬出。

（5）如发现鼻窦异物，应及时就医。

（二）注意事项

（1）光滑异物切忌用镊子夹取，使用器物必须探入异物后侧向前拉动，防止异物进入鼻腔深处。

（2）在清除异物操作过程中让病员稳定情绪，应取端坐位，防止异物吸入引起窒息。

（3）异物取出后用生理盐水或清水冲洗鼻腔，以防继发性感染的发生。

二、外耳道异物

外来异物进入并滞留外耳道，成为外耳道异物。异物种类繁多，可为动物性（如飞蛾、蚊虫等）、植物性（如豆类、谷类等）、非生物性（如塑料球、小玻璃球、钢珠、纸团、纽扣等）。在外出执行救援任务时，飞虫进入外耳道的概率较平时多见。因异物的种类、大小、性质、滞留时间和部位以及有无继发感染等

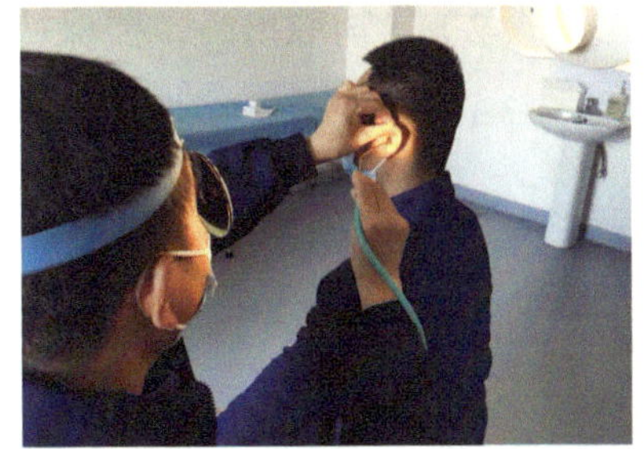

因素的不同，引起的症状差异较大。主要表现：①较小且无刺激的异物可长期无症状，较大的异物会引起耳痛、耳鸣、听力下降、反射性咳嗽等。②植物性异物遇水膨胀，会引起耳痛或感染。活的昆虫等动物性异物会引起剧烈的耳痛和耳鸣。

（一）急救措施

（1）异物为棉球、火柴棍、纱布、纸团可用镊子轻轻夹出。

（2）类圆形较光滑的异物，可用耵聍钩或小钢匙勾取，切忌夹取，否则越夹越深。

（3）被水泡胀的豆类异物，可先用95%的乙醇滴入外耳道，使异物缩水，缩小后再取出。

（4）活的生物性异物，可先向外耳道滴入无刺激油类等液体，使其被黏附不动，再用镊子夹取。

（5）异物过大或嵌入过深，应及时就医。

（二）注意事项

（1）改掉用火柴棍、棉签等物品挖耳的不良习惯。

（2）异物取出后，要保持外耳道干燥与洁净。

（3）外耳道异物伴有急性炎症，可先抗炎消肿后再取出。

三、鱼刺卡喉

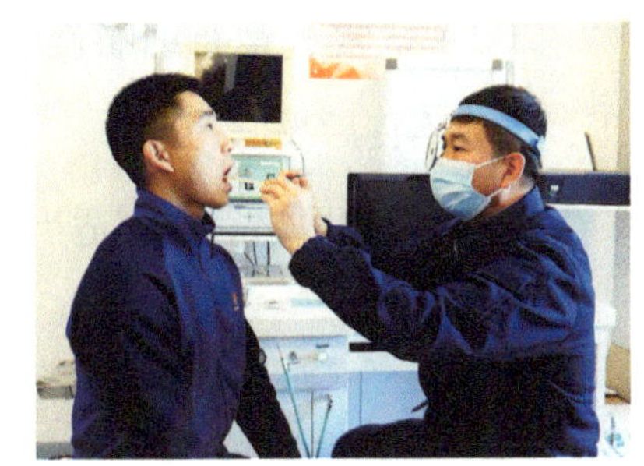

鱼刺卡喉是咽喉部异物中最常见的一种病情。主要表现为咽痛及咽部异物感，吞咽时明显，部位多固定。被鱼刺卡住咽喉部，一般在肉眼或喉镜检查下可看到刺入组织的外露鱼刺。有时也会因鱼刺完全刺入组织内或已被咽下，无法找到鱼刺。

（一）急救措施

（1）鱼刺卡喉要立即停止进食。可以试用刺激舌根或咽后壁产生呕吐的方法，力争将鱼刺吐出。

（2）刺入浅的细小鱼刺，可反复轻咳，试着将鱼刺咳出。如果卡鱼刺的部位比较表浅，可让他人使用镊子夹出。

（3）卡鱼刺部位比较深时，应及时就医，由耳鼻喉科医生用器械取出。

（二）注意事项

（1）鱼刺卡喉之后，禁止采用咽口水、吞米饭、吃烙饼或喝醋等方式处理，否则会使鱼刺深进而加重刺伤或划破食管、咽部引发持续性感染。

（2）日常进食要细嚼慢咽，遇有鱼刺要及时挑出，防止将其吞下，造成不良后果。

（3）异物取出后，应适当进行抗感染治疗，以减轻水肿及炎症。

四、鼻出血

鼻出血是临床常见症状之一，也是消防救援人员在执行任务时较常见的病症。多因鼻腔、鼻窦疾病引起。常见原因为外伤、鼻中隔偏曲、鼻炎、鼻腔异物、肿瘤等。鼻出血大多源自鼻中隔破裂的血管，分前鼻出血和后鼻出血，最常见的鼻腔出血区位于鼻中隔前端的黎氏区黏膜。

（一）急救措施

（1）避免恐慌，可用拇指和食指捏紧双侧鼻翼或将出血侧鼻翼压向鼻中隔，压迫止血10～15分钟。

（2）将冰袋放于鼻梁处冷敷，也可同时冷敷前额及后颈部。

（3）病员取坐位不要躺下，以防出血直接流入口腔后咽下，引起胃肠不适。

（4）简单处置效果不明显时，应及时就医。

（二）注意事项

（1）出血量较大时应及时就医，不要延误时间。

（2）不要过度揉搓鼻翼。洗脸前可以用清水冲洗鼻腔，起到湿润鼻黏膜的作用，减少出血概率。

（3）不要养成手挖鼻孔的不良习惯。

五、急性外耳道炎

外耳道炎是外耳道皮肤或皮下组织的广泛的急性炎症。由于在潮湿的热带地区发病率高，因而又称热带耳。主要原因是：①温度升高，空气湿度过大，外耳道腺体分泌受阻，降低了局部的防御能力。②游泳、洗头或洗澡时，水进入外耳道浸泡皮肤，角质层被破坏，使

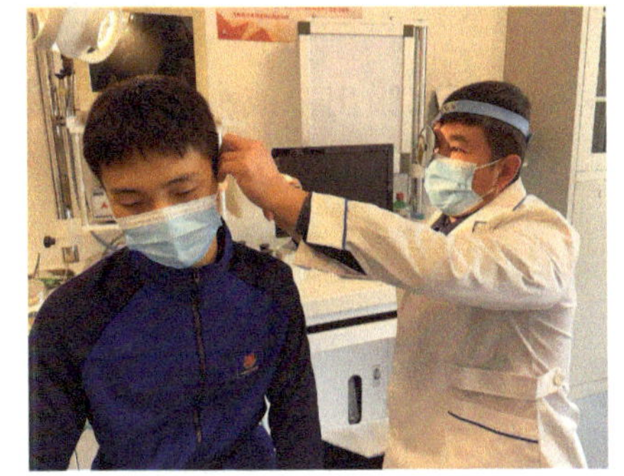

外耳道环境发生改变，微生物得以侵入。③各种因素改变了外耳道的酸性环境，使其抵抗力下降。④挖耳时不慎损伤外耳道皮肤，或异物擦伤皮肤，引起感染。⑤中耳炎脓液流入外耳道，刺激、浸泡，使皮肤损伤感染。⑥其他疾病使抵抗力下降，外耳道也易感染，且不易治愈，如糖尿病内分泌紊乱等。表现为耳内有灼热感和胀痛，甚至坐卧不宁，咀嚼或说话时加重，伴有稀薄或脓稠的分泌物从外耳道流出。

（一）急救措施

（1）保持外耳道清洁、干燥和引流通畅。

（2）选用广谱抗菌素滴耳液进行治疗。

（3）外耳道红肿时局部敷用鱼石脂，可起到消炎止痛的作用。

（4）症状未得到改善或加重时应及时就医。

（二）注意事项

（1）改掉不良的挖耳习惯。

（2）避免在脏水中游泳。

（3）游泳、洗头、洗澡时避免水进入外耳道内，可用棉球放在外耳道口将水吸出，或头侧向患耳方向原地蹦跳让水自行流出。

六、眼异物伤

眼异物伤在日常生活、训练和执行消防救援任务中均较常见。其表现及处理方法根据异物的性质、位置、受伤时间、炎症反应、有无感染而不同。表现为眼部疼痛、流泪、结膜充血等。

（一）急救措施

（1）及时用清水或流动的自来水冲洗眼睛。

（2）结膜异物多在睑结膜，处理时可将睑板翻起，用棉签将异物蘸出。

（3）眼内异物若为高速飞溅的金属屑、玻璃屑、爆炸物碎屑穿透球壁进入眼内，需及时送医进行专科检查治疗或拨打急救电话。

（二）注意事项

（1）应及早就医，忌拖延，便于处理。

（2）应急救援和训练时，应做好针对性的防护，避免意外伤害的发生。

（3）异物进入眼内时，避免用手揉眼，以免异物更多地摩擦结膜和角膜，加重损伤。

七、急性结膜炎

急性结膜炎又称红眼病，正常情况下，结膜具有一定防御能力，但当防御能力减弱或外界致病因素增加时，可引起结膜组织发炎，统称结膜炎。常见于微生物感染、过敏、风沙烟尘刺激、紫外线和化学性损伤等。急性结膜炎病情轻重不一，轻者仅表现为眼红、瘙痒，重者表现为眼烧灼感、畏光、流泪等，部分病员伴有结膜充血、分泌物增多、结膜乳头增生等症状。

（一）处理原则

急性结膜炎的治疗方式主要是局部治疗，严重或特殊感染时需全身用药。

（1）炎症初期，可进行眼部冷敷，有助于消肿退红。

（2）用抗生素眼药和抗病毒眼药滴眼治疗。

（3）炎症没有得到控制时，忌用糖皮质激素滴眼液。

（4）病员应注意清淡饮食，保证营养均衡，忌食辛辣、刺激性食物。

（二）注意事项

急性结膜炎主要通过接触传播，应注意如下几点：

（1）严格注意个人卫生，要勤洗手洗脸，避免用脏手揉眼，一眼患病时应防止另一眼感染。

（2）病员使用过的脸盆、毛巾等用具应进行严格消毒。毛巾、脸盆等生活用品应单独使用且定期消毒。简易的消毒方法为浸泡在热水里片刻，之后放到阳光下暴晒。

（3）病员应注意休息，避免用眼疲劳，尽量少看电视、电脑、手机等电子产品，避免病情加重。

XIAOFANG JIUYUAN RENYUAN
JIJIU CHANGSHI

第六章

物理伤害

一、中 暑

中暑是指在温度和湿度较高、不透风的环境下，因体温调节中枢功能障碍或汗腺功能衰竭，以及水、电解质流失过多，从而发生的以中枢神经和（或）心血管功能障碍为主要表现的急性疾病。以夏季多发。消防救援人员在湿度较高、通风不良的环境中训练、执行任务或者在火场上处于高度紧张的状态，服装设备厚重、透气性差，再加上吸入的大量热气，均会使消防救援人员出现中暑症状。表现为发热、大汗、口渴、无力、头晕、心悸、眼花、耳鸣、恶心、四肢发麻，甚至出现血压下降、抽搐或昏迷等症状。

（一）急救措施

（1）迅速脱离高温、高湿环境，将病员转移至阴凉通风处或空调房间内，平卧并解开衣扣，更换或脱去汗液浸湿的衣服，以促进散热。

（2）快速进行物理降温。将毛巾用冷水浸湿或用毛巾包裹冰袋，放在病员的额头、颈部、腋窝或腹股沟等有大血管的部位，也可用酒精擦洗以上部位，快速降温。

（3）及时为病员补充水分，最好用淡盐水（1升水中加入2～3克食盐），也可以喝清凉的含盐饮料。

（4）对症状较轻者，在采取上述急救措施后，可原地观察病情变化。对症状较重者（即出现热衰竭和热射病），及时拨打急救电话，按照“先降温、后转运”的原则，现场紧急处置完成后，快速送医。

（二）注意事项

（1）避免冷风直吹病员，有酒精过敏或一周内使用过头孢等抗生素的病员，禁用酒精擦洗降温。

（2）夏天炎热季节要适时调整作息时间，避免高温时段户外训练和作业。热天运动，宜穿浅色、透气、宽松的衣物，利于汗液挥发和散热。

（3）炎热天气训练时应及时补充盐和水分，要饮食清淡，注意摄入蛋白质，可准备一些防暑降温的食物，如绿豆汤等。

（4）夏天训练或执行任务时，应携带清凉油、人丹、十滴水、藿香正气水、藿香正气口服液等防暑药物，中暑或感到不适时可随时使用。

（5）积极锻炼身体，调整运动强度，提高机体耐受能力，有条件的可以进行热习服训练。

二、冻　伤

冻伤是由于寒冷、潮湿作用引起的人体局部或全身的损伤。常见于手、足、指、趾、耳等部位，表现为受冻部位出现冰凉、苍白、坚硬、感觉麻木或知觉丧失，局部皮肤红肿、出血、自觉痒、热和灼痛等，可伴有水泡和溃烂，重者出现昏迷。此种损伤常见于执行森林灭火、山岳、地震、水域任务中。

（一）急救措施

（1）迅速将冻伤的病员脱离低温环境，转移至温暖干燥的地方，防止继续冻伤。

（2）抓紧时间尽早复温。①对冻伤较轻的病员，用37～43℃的温水浸泡冻伤处，浸泡后用干毛巾进行局部反复轻擦。如果出现冻伤处破溃感染，应进行局部清洗和消毒，外涂冻疮膏，保暖包扎后到医院进一步治疗。②对全身冻伤者要快速复温，迅速将病员搬至温暖的环境，脱掉衣服、鞋袜，全身用棉被或毛毯捂住，将热水袋用衣服或毛巾包好，放在病员的腋窝及腹股沟处进行复温。如果病员意识清醒，可饮用温热糖水等饮料。③及时送医或拨打急救电话，送医途中注意保暖。

（二）注意事项

（1）复温时严禁直接用火烘烤；使用热水袋复温时，避免直接贴着皮肤，以免烫伤。

（2）既往患有冻疮者，应在寒冷季节注意手、足、耳等部位的保暖，可涂擦冻疮膏进行预防性治疗。

（3）勤搓脸、勤活动手脚，避免穿着潮湿和过紧的鞋袜，常用热水泡脚，进入寒冷环境前要做好充分的御寒准备。

三、溺　水

溺水又称淹溺。溺水后，水与污泥、杂草等堵塞呼吸道和肺泡，或因咽喉、气管发生反射性痉挛，引起窒息、缺氧，最终因窒息死亡。消防救援人员在执行水域救援和训练时，应严密组织，着重预防此类伤害发生。

（一）急救措施

（1）落水后要保持镇定，避免慌乱挣扎。尽量将头向后仰，面部向上，利于呼吸。

（2）落水后迅速深吸一口气，然后缓慢呼气，以求浮到水面，并及时大声呼救。

（3）目击者应就地取材，充分利用现场资源，如绳索、竹竿等从岸上施救。

（4）将溺水者带离水体以后，要翻身挤压腹部，倒出积水；如溺水者已无呼吸、心跳，应立即实施心肺复苏术，并尽快拨打急救电话。

（二）注意事项

（1）提高安全意识，避免擅自到河边戏耍、游泳。

（2）溺水者脱离水体后，应及时清除其口鼻中的污泥、水草等异物，保持呼吸道通畅，同时注意身体保温。

（3）水性不好或不会游泳者，不要盲目下水救人。营救慌乱挣扎的溺水者时，不能正面接近，以避免被溺水者抱住，无法施救。

四、烧（烫）伤

烧（烫）伤是指热液、蒸汽、火焰、电流、放射线等作用于人体所引起的组织损伤，是消防救援人员面临的最主要损伤之

一。一般表现为局部疼痛、皮肤红肿、水疱、皮肤破损等，严重者表现为皮肤焦化，甚至深部组织受损。伤员会因剧烈疼痛和体液渗出等原因导致休克、感染而危及生命。

（一）急救措施

（1）尽快脱离火场等热源环境和扑灭身上的热源，缺乏专用灭火器材时，可采取倒地慢滚灭火，或用大衣、棉被、毯子覆盖灭火，也可用水浇淋或跳入水中灭火。

（2）脱离热源后，立即用冷水冲洗30分钟以上，进行皮肤降温，降温时间越长，造成的损伤越小。暴露的创面可用三角巾、消毒敷料或干净毛巾等覆盖或包扎，保持局部清洁，避免感染。

（3）烧伤严重时应及时送医或拨打急救电话。

（二）注意事项

（1）不能用冰水或冰块直接接触烧烫伤处进行降温，以防皮肤组织被冻伤。如病员出现寒战时应停止降温。

（2）伤处的衣着如需脱下，应先剪开或撕破，不应直接剥脱，以免损伤烫伤部位具有伤口保护作用的皮肤。

（3）不在烫伤局部涂抹牙膏、酱油、醋等物质，否则不利于皮肤散热，并影响医生判断创面深度。

（4）被大面积烧伤的人员一旦出现口渴症状，切忌饮用白开水，否则会造成水中毒和急性胃扩张，引发脑水肿等并发症，应酌情补充淡盐水。

五、电击伤

外界电流接触人体是造成电击伤的主要原因。触电时症状轻者出现惊慌、呆滞、心悸、面色苍白、接触部位肌肉收缩、皮肤烧灼疼痛、头晕乏力等，严重者出现昏迷、持续抽搐、心脏骤停。触电常见于台风、水灾后的救援过程中，执行任务时应确保救援环境安全。

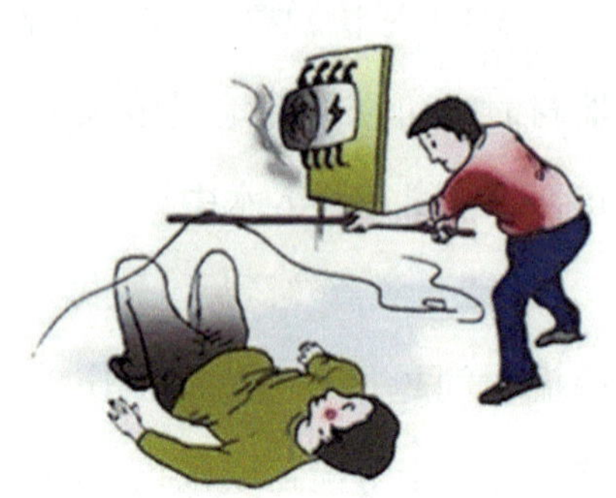

（一）急救措施

（1）消防救援人员应预先判断现场是否安全，条件允许时应及时切断电源，要在确保自身安全的前提下再展开救援。

（2）用干燥的木棍、竹竿等绝缘物体挑开带电电线，隔着绝缘体将触电者与电源拉开。

（3）立即进行现场救治，如病员呼吸和心跳停止，应立即进行心肺复苏术。

（4）及时送医或尽早拨打急救电话。

（二）注意事项

（1）施救时不能盲目进入电击现场，更不能徒手接触触电者。

（2）应急救援和训练时，尽量避开高压线和电线杆。

（3）雷电天气不在树下或高大建筑物下避雨、不在户外接打手机，不用湿手接触电源。

六、猫狗咬伤

凡是被猫、狗咬伤，伤口都有可能感染狂犬病毒，要立即对伤口进行彻底冲洗，并及时就医。

（一）急救措施

（1）被猫、狗咬伤后，用大量清水或肥皂水彻底冲洗伤口，避免伤口内唾液残留。

（2）冲洗完毕后，用75%的酒精或碘伏对伤口内外进行消毒，并将伤口暴露，利于污血排出体外。

（3）及时就医，进一步处理伤口和尽早注射狂犬疫苗。

（二）注意事项

（1）被猫、狗等动物咬伤后，即使皮肤没有破溃出血，也应进行彻底冲洗和消毒，并及时注射狂犬疫苗。

（2）被猫、狗等动物咬伤后，伤口一般不予缝合或包扎，不涂抹软膏等不利于伤口排毒的药品。

（3）在外作业时，避免激惹和接触流浪猫、流浪狗等动物。

七、蜂蜇伤

蜂蜇伤多发生在人体暴露部位，蜂毒进入人体，局部出现红肿刺痛、皮损部位出现瘀点、风团、水疱等表现，严重者出现发热、头晕、恶心、烦躁不安、昏厥等症状，蜂毒过敏者可导致呼吸困难、昏迷，甚至死亡。消防救援人员进行应急救援和野外驻训时常有蜂蜇伤的情况发生。

（一）急救措施

（1）患部有毒刺需先拔除。

（2）用清水或肥皂水清洗蜇伤部位。

（3）用冷水或冰袋冷敷蜇伤部位，以减缓蜂毒的扩散速度。

（4）被群蜂蜇伤，出现严重过敏反应时应及时送医或拨打急救电话。

（二）注意事项

（1）救援和训练时，应注意留心观察，尽量避开周围蜂巢。

（2）在植被茂密的环境中作业和训练，应注意对身体裸露部位的保护。

八、毒蛇咬伤

毒蛇咬伤是指被毒蛇咬伤后，毒素进入人体引起的急性全身性中毒性疾病。毒蛇咬伤后可出现呼吸肌麻痹、循环衰竭、急性肾衰竭、出血和凝血功能障碍等严重并发症，甚至危及生命。被毒蛇咬伤后，一般会很快

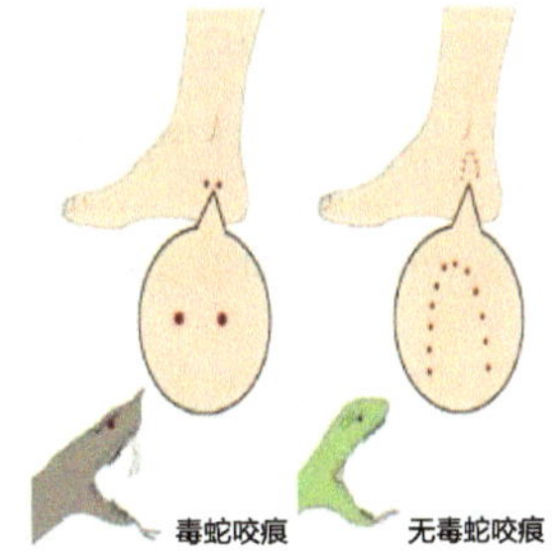

出现中毒症状，早期足量给予抗蛇毒血清，可显著降低死亡率。南方林区此类情况较多，到相关区域执行任务时，应提前做好预防措施。

（一）急救措施

（1）嘱咐病员保持安静，不要躁动。

（2）迅速用止血带、鞋带等物品在伤口上端5～10厘米处绑扎伤肢。

（3）立即用清水、肥皂水或1∶5 000高锰酸钾溶液反复冲洗伤口及周围皮肤，若有毒牙残留，应尽快拔除。

（4）用冰袋敷在伤口处或将伤口浸入冷水中进行局部降温，以减缓毒素的扩散速度。

（5）可用十字切开法或拔火罐法等方法进行排毒。

（6）若身边备有蛇药可立即口服及外服，以解蛇毒。

（7）及时送医或拨打急救电话。

（二）注意事项

（1）被毒蛇咬伤后不能奔跑走动，以防毒素扩散。

（2）禁止用口吸法进行排毒。

（3）绑扎伤肢时每绑缚15～20分钟需松开2～3分钟，以防因绑扎太紧而引起组织坏死。

（4）被毒蛇咬伤后严禁饮用酒精、咖啡类饮料，以防加快毒素的吸收和扩散。

（5）尽早到医院注射抗蛇毒血清。

（6）在野外救援和训练时，要穿长裤、长靴，扎紧裤筒。选择宿营地时，要避开草丛、树丛、石缝等阴暗潮湿的场所，并携带解蛇毒药品，以防不测。

九、急性日晒伤

急性日晒伤也称日光性皮炎，是指皮肤过度暴露于紫外线下所产生的炎症反应，表现为患处皮肤出现红斑、灼热、水疱、疼痛和脱皮等症状，严重者出现头痛、发热、呕吐、虚脱和休克等全身症状。消防救援人员长时间在户外训练、执行任务时，如未做好预防措施，极易引起此类伤病。

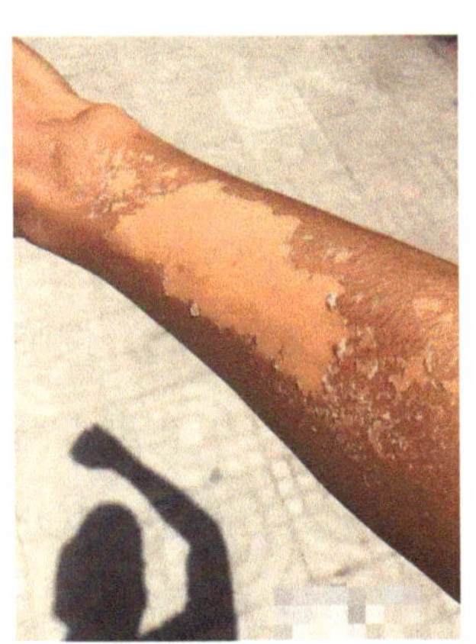

（一）急救措施

（1）应立即避开阳光直晒的地方，用凉毛巾或冰袋对晒伤处进行冷敷，以降低局部热量积聚，有助于缓解疼痛。

（2）给伤者饮用适量盐水或运动饮料，以防脱水。

（3）严重的日晒伤应及时就医。

（二）注意事项

（1）饮食清淡，不吃刺激性和光敏性的食物。

（2）炎热季节合理安排训练，减少户外暴露时间，如有抢险救援等任务时，需对裸露部位做好防晒保护。

（3）平时经常参加户外锻炼，增强皮肤对日光的耐受能力。

十、急性高原病

急性高原病指人体进入高海拔（3 000米及以上）环境下发生的一种特发性疾病，按临床表现可分为急性高原反应、高原肺水肿和高原脑病等。可在进入高原数小时内出现头晕、头痛、心悸、胸闷、气短、乏力、恶心、呕吐、食欲减退、睡眠障碍等症状，严重者出现咳嗽、咳粉红色泡沫痰、呼吸困难、紫绀、烦躁、剧烈头痛、频繁呕吐、精神恍惚、昏迷等高原肺水肿和高原脑病的症状。急性高原病的发病与海拔高度、登高速度、季节、心理因素、体力、负重等因素有关，返回低海拔地区可迅速恢复为其特点。

（一）急救措施

（1）急性高原反应，一般无须特殊治疗，可卧床休息，减少活动，睡前服用1～2片安定类药物。头晕、头痛明显者，可给予吸氧，口服去痛片。一般在1～2周内病情缓解或痊愈，如病情加重应及时送医。

（2）如出现高原肺水肿和高原脑病症状时，应给予连续吸氧，绝对卧床休息，病员进行保暖，并及时送医或拨打急救电话。

（二）注意事项

（1）体格检查。通过健康体检，身体健康者方可进入高原。对患有心血管疾病、呼吸道感染、血液病、重感冒等疾病者，应暂缓进入高原，待治愈后再进入。

（2）适应锻炼。阶梯适应、综合锻炼，提高机体对缺氧的耐受力，先在一个中等高度（1 600～3 000米）处停留休息3～5天或训练一段时间后再进入高海拔地区。

（3）健康教育。提高消防救援人员的卫生防病意识，积极预防感冒等常见病，消除紧张、畏惧心理；给予高糖、高纤维食物。

（4）药物预防。进驻高原前或进驻高原后，可服用红景天等抗高原缺氧的中药，以减少高原病的发生。

（5）合理安排训练和抢险救援的时间和强度。合理进行人员轮换，分批次进行救援，减少每批次人员的作业时间和强度，让消防救援人员得到充分休息。

参考文献

1. 汪方，刘小路. 应急救护手册［M］. 上海：上海科学技术出版社，2019.

2. 荣湘江，赵朝阳.消防员训练伤病的预防与急救处理［M］. 北京：人民体育出版社，2013.

3. 孙同文. 灾难与急救应急手册［M］. 郑州：郑州大学出版社，2021.

4. 董胜利. 院前急救全科手册：中西医结合［M］. 北京：学苑出版社，2018.